自転車主義革命

●自転車を活かす新しいライフスタイル●

vol.4 望星ライブラリー

自転車主義革命

自転車を活かす
新しいライフスタイル

はじめに――ここからは、自転車で行こう

最近、自転車に乗っていますか？

仕事や家事が忙しくて、それどころではありませんか？

子どものころ、自転車で遠くに出かけた記憶が、よみがえることはありますか？

いま、自転車に乗っていて、楽しいですか？
通勤や通学、買い物などで、自転車に乗っていて楽しいですか？
駅前などに無惨に放置された自転車を見て、
乱暴運転のクルマに追い回されて、楽しいですか？

コ・ン・ナ・ハ・ズ・ジ・ャ・ナ・カ・ッ・タ

自転車に乗ることは楽しいことだったはずです。

子どものころ、自転車は、どこにでも行ける、魔法の乗り物でした。

けれども、いつしか私たちは、自転車の持つ「輝き」や、自転車が与えてくれる「力」を忘れてしまったのです。

なぜでしょうか。


日々の生活が忙しすぎるからですか？　クルマのほうが早くて便利だからですか？　街にクルマがあふれて、自転車に乗りにくい道路事情だからですか？　手軽に安価で手に入る自転車では、大切にする気持ちにはなりませんか？　そんな経済効率のみが優先する社会に、息苦しさや居心地の悪さを感じませんか？

どうやら、たくさんの人々が、いまの社会に閉塞感を感じ、その殻をうち破るための胎動を始めているようです。時代が、新しい価値観を形づくりつつあります。「心身の健康」や「家族関係」、「人間関係」、「地域の再生」、「環境保護」などをキーワードに、自分らしさや人間らしさを取り戻そう――という動きです。

この新しい価値観を、「自転車を利用することで具現化しよう」と、動き始めた人々の姿があります。効率主義に追われない、豊かで健康な暮らし、環境保護に視点を置いた日常生活、安全で暮らしやすい街づくり――などを実現するうえで、「自転車が大いに役に立つ」と考える人たちです。

この人たちは、大上段に構えて、社会システムの改革を唱えているわけではありません。むしろ単純に、自転車が大好きな人たちです。

自転車通勤の体験から、無秩序なクルマ社会の改善を指摘する人、放置自転車の問題に取り組む人、世界中を自転車で冒険する人、環境に優しい木製自転車をつくる人など、自転車のある暮らしを実践している、自転車の「輝き」を見失わなかった人たちなのです。

そんな人たちの行動を、単純に、「自転車マニアの人たちが、自分たちが自転車に乗りやすい環境を求めて、わがままに声を上げているだけだ」と受けとめていいのでしょうか。
いいえ、彼らの声は、いまの社会に閉塞感を感じる私たちの心を、間違いなく揺り動かします。むかし、自転車の「輝き」を知っていた、私たちの心を揺らすのです。自転車は、新しい価値観に気がついた私たちの人生を、豊かにしてくれるはずです。

あなたは、これからの人生を、どのように歩みますか？

この本に登場する人々の活動は、まさに「生き方」そのものです。自然の移りかわりや、人の心の機微を感じ取れる、自転車のゆったりとしたスピードで、人生の旅をしているのです。その旅するヒントを、愛すべき自転車主義者たちが提供してくれています。
本書は、自転車によるルネッサンス（人間復興）、「自転車主義革命」を提唱するものです。あなたも、自転車主義者の仲間入りをしませんか？

編集部

＊本書の文中で表記される「ママチャリ」は、女性が利用しやすいように工夫され（スカートでも乗りやすいようにフレームが曲線を描く／チェーンカバーが付いているなど）、日本で独自の発展を遂げた「街乗り用自転車」を指します。母親が自転車に乗っている状況を示すものではありません。

第1部

愛すべきこの「自転車主義者」たち

自転車のある暮らしとは、どんな暮らし？　自転車のリズムってどんな感じ？　ここに登場する15人の「自転車主義者」たちの姿は、私たちが忘れてしまった“何か”を教えてくれる……。

21世紀は
自転車に乗っていこう
～自転車通勤のススメ～

自宅から最寄りの駅まで自転車で行くのなら、そこで降りずに職場まで行ってみよう。20キロぐらいの距離なら電車やクルマよりも自転車のほうが断然早いし、何より健康に良いのだ。「自転車通勤なんてムリ」と思っているあなたへ、自転車通勤の達人が“自転車通勤の悲喜交々”を語る。

自転車通勤人《ツーキニスト》
疋田智
さん

自転車にまつわるいろいろなダメなこと

ダメなことはいっぱいあるわけですよ。この東京の自転車環境については。まず、どこを走っていいのかがさっぱりわからない。法規上は車道。だけどあの大通りの車道の端を走るのは、ご想像のとおり、最初は相当な勇気がいる。

トラックが黒煙とともに猛スピードで通り抜け、タクシーがモノもいわずに目の前でキキッと停まる。排気ガスは言わずもがなで、路面の端はコンクリートが割れまくりだ。路側帯の排水溝一つとってみても、あの網の形状を縦にする理由がさっぱりわからない。あのままだとロードレーサーなどの細いタイヤがすっぽりはまってしまって、危険きわまりないのだ。

だから、ママチャリのおばちゃんたちをはじめとする自転車に乗る人々は、チリンチリンと歩道を通るわけなのだけど、これが今度は歩行者にとっての脅威となる。右を通ろうと左を通ろうとお構いなし。前のカゴにはスーパーの袋で、後ろのキャリアには子どもが乗っている。

本来なら押して通るようなところでも無理に通ろうとするから、ふらついて接触する。接触すれば、自転車と言えど鉄の塊だから、痛いし、場合によっては服は破れる、腕は切り裂く。まあロクでもないことになってしまうわけだ。つまりはインフラ側も乗る方のマナーもデタラメ。これがこの国の自転車活用の現状だ。

そもそもが自転車のためにできていないからね。中でもこの東京という街は。走ってもいいけど、走らなくってもいい。正直言えば、走ってくれないほうがありがたい。それがこの街の中の自転車という存在だ。

その自転車で、会社まで往復二四キロの通勤を始めて、もう四年近くが経つ。

自転車は完全に私の人生の一部になった。そして、その人生をちょっぴりだけ幸せにしてくれたのだ。

始まりはマンションの住民集会から

毎朝、通勤電車に乗ってて、何がイヤかって、朝のラッシュ時に「時間調整のために停まりまーす」とかアナウンスが流れて、駅と駅の途中で、ガッタンと電車が停まることがあるでしょ。ガッタン、にあわせて身体が横に傾いたりしてね。窓に映る自分の顔と睨めっこしながら、背中に流れる一筋の汗。左だか右脚だかにギュウッと体重がかかって、筋肉が引きつる。もちろん、まわりは超満員で、まったく身動きがとれない。アレがたまらない。

それがもう、昭和三十年代から、東京の朝の当たり前の光景なわけだ。でも、考えてみると、この理不尽な地獄が、なぜ当たり前なんだ。このまま会社に着いて「やれ、うれしや」とばかりにスパッと業務に入る。無理あるよな、と思う。人によっては毎朝一時間も二時間もこの「通勤ラッシュ」という名の無為な時間を過ごすんだ。

　疲れるけど、運動にならない。ストレスはたまるけど、達成感はない。やめようよ、満員電車なんて。漠然とそう思い始めたのが四年前だった。

　私が勤めているテレビ局まで、家から約一二キロ。私の故郷で考えれば、宮崎西高校から高岡くらいの距離だ。どこだ、それ。でも高校時代そんな距離に電車を使っていたっけと思うと……。うん？　そうだ、自転車だっ。

　とまあ、そう思ったのは、直接的なきっかけとしては、バブル時代に買って、アッという間に半値に下がったいまいましいマンションの、住民総会だったのだ。

　議題は「駐輪場をどう管理するか」だった。そこで「自転車置き場の汚い放置自転車は捨ててしまいましょうよ、ねえ奥様」という奥様方の意見が大勢を占めたとき、心の中で何かが動いた。無論「汚い放置自転車」の中の一台は、紛れもなく私の自転車だったからだ。

　私の自転車は、その当時すでに買ってから十年以上経つ代物で、どう見ても放置自転車と言うよりも粗大ゴミと言ったほうが近く、でも、私にとっては至極、思い出深くて（そいつで九州まで行った、なんてこともあった）、ならば再生させて、そのまま通勤だぁ、と、つまりは不覚にも頭に血が上ぼってしまったのである。

思わぬ副次効果

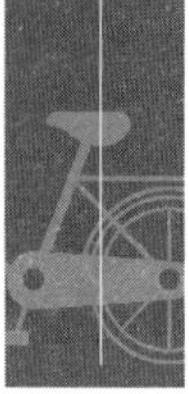

ところがところが、結論から言うと、それは大正解であった。

　自転車は古くさい「ランドナー」と呼ばれるタイプ。それをタワシでゴシゴシ磨いた。そして自転車通勤をスタートさせた私は、結果、いまでもそれを続けている。

　東京の荒川区（自転車通勤を始めた当初に住んでいた所）から赤坂までが私の通勤経路で、大体四十五分程度。地下鉄よりもやや早いというおマケつき。まず驚いたのが、この都内移動の驚くべきスピードだった。

　私は子どものころから、どちらかというと体力勝負には、いささか自信がないなぁ、じゃあ何に自信があるかというと、あやとりかな、という、のび太くんのような少年だったのだが、それでも、この程度のタイムが出る。何ともない。一二キロなどアッという間なのだな、これが。意外なことに。

　そしてさらに。痩せた。

　具体的に数字を出すと、一番ひど

いとき（つまり自転車通勤スタート時だ）には八四キロのでぶ太くんだった私が、いまでは七〇キロだ。大学時代に戻ったような身体の軽さが、じつに快いのだ。

　自転車の運動というのは、脂肪の燃焼という意味において、じつに効果的な有酸素運動で、身体の中の一番大きな筋肉群（つまり太股だ）を動かし続けるところに価値がある。これが心肺機能を高め、新陳代謝を促進するのだそうだ。すべてのフィットネスジムにエアロバイクが置いてあるのには、理由があるのだ。

　私の場合、片道四十五分という通勤時間も適当だった。脂肪ってヤツは運動当初の二十分を過ぎたころに燃焼を始めるそうで、エアロビクスとしては、まことにリーズナブルな時間配分になった。

　自転車通勤人になって三ヵ月。まず会社のＡＤ（アシスタント・ディレクター）の女の子たちが「ヒキタさん、ひょっと、して……癌？」と言った。私があまりに急速に痩せ始めたからだ。「馬鹿者。こんなに肌がテカテカツルツルしてる癌があるか」と言うと「そうよねぇ。禿は癌にならないって言うしね」とほざいた。一体、どこで聞いた学説だ。だが、「でもカッコイイよ」とも付け加えた。そして正直言って、私はそれがとても嬉しかったのだ。

　一日に都合一時間半のエアロビクスを毎日こなしているのだから、多少の痩せは当たり前と言えば当たり前なのだが、大学時代から連続して増えてきた体重に初めて圧倒的なブレーキがかかった。ダンベルだの何だのがいっこうに続かない私だったのが（テレビ通販のなんとかミニジム、なんてのもベランダに放置してある。恥ずかしながら）、初めて手にした軽やかさだった。そして、身体がスマートになり始めると、同時に、心がスマートになることを私は感じざるを得なかったのだ。

「東京」を発見する

　毎日、サドルに跨るようになってすぐに、私は東京にも季節があることを発見した。

　毎日の通勤路に霞が関の官庁街がある。そこに連なる銀杏並木が、見る見る青く茂り、そして見る見る黄色に染まり、そしてある日突然に舞い落ちる。毎朝越える隅田川が、日によって匂いが変わる。風の向きで磯臭くなったり、どぶ臭くなったりする。水面を越えてくる風が、もう春だよと伝える。線路際のヒマワリが毎日毎日成長し、ある日、花が咲く。ああ、ヒマワリだったのか、と気づく。夏だよなと思う。

　そういった季節の表情を、この東京で当たり前に気づくことのできる自然さ。

　地下鉄の中では気づくめえ、と思う。オフィスの中でも気づくめえ。冷房が入って、夏。暖房が入って、冬。そういう気温の高低だけが季節感だった。会社に入って十年間、私だってそう。でも、考えてみると、もったいないのよ。それだけじゃ。

　天気にも敏感になる。雨が降るのが心配になる。風が吹く日は憂鬱になる。日照りの夏はおろおろ歩く。

　でも、そういう天の配剤にいちいち反応できることが、自然だ、人間だ、と思えるようになる。思えるようになるころには、身体中の細胞が覚醒してきている。

　夏の長い夕方に帰途につく。

　いつもの道から外れてみようかな、と思う。ふと小径に入ると全然知らない神社があったりする。何だか結構な謂れがあったりして、意外に広い緑地を持ってる。そこでうるさいほどに蝉が鳴いている。やあ、蝉くんよ、君たちはこんなところに隠れていたのか、と思う。

　気持ちのいい古本屋を突然発見したりして、軒下に自転車を停める。

　近所の小学生たちが縦笛を吹きながら通り過ぎる。時間が止まる。その圧倒的な自由。自転車通勤が、都市生活者にもたらすのは、季節と自由だ。そして、それがどんなに素晴らしい権利であるかに、いまさらながら気づくのだ。ホントよ。

さらに気づいていくことは

　もう一つ。自転車通勤を始めると、誰もが圧倒的に気づいていくのは、この街はなんて空気の汚れた街なんだってことだ。

　荒川のマンションから引っ越して、いまは江東区に住んでるんだけど、通勤距離は同じく片道一二キロ。普段通る道は、葛西橋通りから永代通り、さらに内堀・外堀通りと都内屈指の幹線道路を行かざるを得ないわけで、それが一様に排気ガスだらけ。当たり前といえば当たり前なんだけど、毎日毎日トラックの、タクシーの、バスの排気ガスを浴びることになる。さらに渋滞も多くて、信号待ちも多い。すると、一連のディーゼル車両は、悪名高い「アイドリング・ガス」を吐き続けということになるわけだ。ディーゼルでなくても同じだ。それが、どんなに小さなクルマでも一台当たり五平方メートルを占拠する。

　ある調査によると、日本のクルマの平均乗車人数は一・五人程度しかないそうだ。あんなに大きな鉄の塊（クルマのことですよ）を化石燃料を燃やして引っ張りながら、ほとんどのクルマには一人しか乗っていないのだ。それでいて車外には、有毒物質をまき散らしてる。

　何かがおかしいよなあ、と思う。

　不況不況といいながら、東京の自動車の数はまったく減らない。冷暖房の効いたクルマの中にふんぞり返ってハンドルを握りながら、腹に蓄えた贅肉を何とかするために、週末にはスポーツジムに行く。

　ヘンでしょ。変。ホントはすごく無駄。すごくヘンな話なのだ。

最先進地域アムステルダムの事情

　さて、これが海外先進各国となると、事情はまったく異なってくる。

　書類などを急行で運ぶ自転車便、つまりはメッセンジャーの発祥の地はアメリカである。現在の東京でもよく見かけるようになったアレですね。だけど、市民生活の中で自転車活用が盛んなのはアメリカというよりもむしろヨーロッパ各国であって、中でもその最先進国と言ったら、何をおいても、まずオランダであろう。

　オランダの首都、アムステルダムでは、自転車がないと生活ができないのだ。たとえばアムステルダムでアパートを借りるとする。まず不動産屋に言われるのだそうだ。

「やあ、日本人よ。アムステルダムそして我がチューリップ不動産へようこそ。だが、アパートを借りる前にキミにはすることがあるんじゃないかね？　そうとも、自転車を買うんだ。この街では自転車なしではアパートを見に行くことすらできないんだよ」

　街を見渡すと、実際、不動産のオヤジの言うとおりだ。半径五キロ程度の街を、市民のほとんどが自転車で移動している。この街には「クルマが入れない通り」は、じつにたくさんあるけれど、「自転車の入れない通り」はない。聞くところによるとオランダ全人口よりも自転車の数の方が多いのだそうだ。つまりは一人一台以上。世界的にも断然トップの普及率だ。

　この街を見ていてまず実感するのは、自転車が通りやすい街というのが、結局のところクルマの通りにくい街を指向しているのだという事実だ。街には自転車のためのありとあらゆる施設、すなわち駐輪場、専用道、自転車専用の信号機などがあちこちに用意されている。それに対してクルマの施設が異様に少ない。中世からの道路はもとより狭く、そこに広い自転車道と歩道をとるから、大抵の車道は一方通行。駐車違反などはもってのほかで、罰金は驚くなかれ邦貨にして十七万円だ(二〇〇一年八月現在)。

日本人の目から見ると、いささかやり過ぎなのではあるまいか、と思ったりするのだが、じつはこのやり方こそが正しい。最近、日本の市町村で「自転車を有効活用しましょう」てなことを言うところが増えてきたけれど、そのコンセプトは結局のところ「好きな人は自転車を使いましょう。でもクルマの邪魔はしないでね」という発想に尽きるわけで、歩道を区切って自転車専用道をつくろう、などということになってしまう。

これがまったくダメな理由は至極簡単で、エコだエコだと言うけれど、自転車は別段、空気清浄機でも何でもないのだ。クルマに乗っていた人が、クルマから降りて自転車に乗ってはじめてエコにつながる。自転車の分だけクルマが減らないと意味がない。おまけに車道に負担をかけない自転車利用は、とりもなおさず歩行者に負担をかける自転車利用となる。そんなのあからさまに間違ってるよ。

自転車利用の推進のために、もう一つ、この街に学ばねばならないことは、トラム(路面電車)の存在だ。街中を縦横無尽に走るトラムは、自転車に乗れない人を吸収するためにある。

自転車に乗りたくないときもある。雨だって降るのだ。そのときの代替交通機関が、より空気を汚染しない形で用意されているというのは、自転車を都市交通に導入する際の鉄則だろう。さらに言えば、都市内の交通は自転車とトラム、そして都市間交通、物資の輸送にこそクルマを使う、という連携もきっちりと出来上がっている。高速道路はオランダの各都市を結び、都市内にはクルマのままで入らない。街の外の駐車場に停めるのだ。有名な「パークアンドライド」のシステム。

平坦なポルダーの街というアドバンテージは確かにある。だが、坂などは自転車の高性能化で何とでもなる。それこそ日本人の得意分野だ。とりあえず、かの国の首都は本当に空気のきれいな首都だった。それは人間性すら回復する美点であると私は確信する。

そしてもう一つ。そのように自転車利用を推進することは、シリアスな交通事故を減らすことにもつながる。自転車の事故は、クルマがかかわらない限り滅多に人が死ぬことがない。これもまた重要なことだ。

自転車通勤は「生き方」だ

「『探偵』は職業ではなく、生き方だ」なぁんて、何ともハードボイルドなチャンドラーな台詞《せりふ》がある。私の好きな作家の文章の中にあるんだけど、すごいよなぁ。何だかいささかわけがわからないぐらいすごい。男なら自分の職業に関して、そういうことば、吐いてみたいね。

「サラリーマンは職業ではなく、生き方だ」なぁんてね。あ、何だかみみっちいな。でも、私は胸を張ってこれだけは言えるのだ。

「自転車通勤は、職業ではなく、生き方だ」

職業でないのは当たり前だから、「手段ではなく、生き方だ」と言い換えてもいい。通勤に電車でなく、ましてやクルマでもない、自転車を使うという選択。これは生き方だ。

毎日の糧を得るために、自分の力でペダルをこぎ出すこと、便利なものに囲まれた現代の中で、あえて原始的なものを使うこと、そして環境に負担をかけず、動力に頼らず、自分の脚力のみに頼ること。

これを生き方と言わずして、何と言う。

そして、私はこれこそ二十一世紀に通じるライフスタイルだと思うのだ。

自転車で通勤する人々は、やがて何かに気づいていく。ある人は季節の移り変わりかもしれないし、ある人は交通システムの不備かもしれない。でも、やがて共通して気づいていくのは、会社と自宅が地続きで、わけのわからないシステムを内蔵するこの巨大な街も、同じ地べたの上に張り付いていることだ。

その地べたの綻びから、土が顔を出し、タンポポがこっそり咲いている。バーチャルでないダイレクトな移動感。都市の景観の細部が見えてくるからこその現実感。

それが人を現実の生に引き戻す。

私が知っている自転車通勤人の中に、コンピューター関連の仕事を持つ人が多いのも、恐らくはそのせいだ。

まだまだ走りにくい東京。仕方ない。とりあえず、この街はクルマと歩行者のためにできているのだから。でも、自転車通勤人がもっと増えれば、必ず、何かが変わっていく。アムステルダムの例をあげるまでもなく、私はいまやある種の手応えとともにそれを感じている。

【疋田智　ひきた・さとし】
1966年宮崎県生まれ。89年東京大学文学部卒。TBS「ブロードキャスター」ディレクター。社会部記者、「筑紫哲也ニュース23」「スペースJ」ディレクターなどを経て現職。環境と健康のために自転車を活用しようとの主張は、HP（「自転車通勤で行こう」http://japgun.hoops.ne.jp/）に詳しい。国会の私的諮問機関、自転車活用推進研究会委員。著書に『自転車通勤で行こう』WAVE出版、『銭湯の時間』朝日出版社、『自転車生活の愉しみ』東京書籍。

写真提供・『Bicycle NAVI』（二玄社刊）

メッセンジャーたちは21世紀日本の自転車文化の担い手だ

（株）ティーサーブ
代表取締役社長
池谷貴行
さん

クルマの渋滞が激しい都会のオフィス街を、大きなバッグと無線機を背負い颯爽と駆け抜ける自転車便メッセンジャー。日本で最初の自転車便メッセンジャー会社「ティーサーブ」を育て上げた池谷貴行さんが、“メッセンジャー”人生を語る。

起業はいわば成り行きだった!?

ティーサーブの原型となるスタイルができたのは一九八九年。当時私はまだ学生で、外資系のPR会社でコピー取りや、メール配信のアルバイトをしていました。

そのなかでも大きな仕事だったのが書類を届ける、いわゆるメッセンジャーという仕事でした。最初は電車などを使って届けていたのですが、「自転車のほうが早く終わるんじゃないか」と思って、自分の自転車を持ち込み、届け物をするようになりました。思ったとおり、場所によっては五十分かかっていたのが五分で終わってしまう。自転車便のほうがはるかに時間が短縮できた。これがティーサーブを始めるきっかけといえばきっかけですね。

そのうち、僕の直属の上司が転職をし、その方から「バイク便は高いので、専属のメッセンジャーになってくれないか」と頼まれたんです。

専属でやるからにはお金をいただかないといけない。

当時、バイク便が距離三キロで三千円程度の料金設定だったので、「自転車なら半分でいいや」ということで三キロ千五百円という料金設定にさせてもらい、本業のPR会社でのアルバイトの傍ら、空いた時間を使ってメッセンジャーを始めました。

一日に四本ぐらい、専属メッセンジャーの仕事をこなしていましたが、やがてその上司から口コミで僕の存在が広まっていったんです。掛け持ちを始めて三ヵ月後ぐらいには、本業のアルバイトができないほどオーダーがくるようになって、八九年の四月、バイシクルメッセンジャーとして独立したわけです。

いわば最初から会社を起こしてやろうなんて気持ちを持っていたわけではなく、自然の成り行きで始まったようなものなんです。

口コミで広まり気がつけば百人の大所帯に

法人組織にしたのは四年後、九二年ですね。

四月に独立して、二ヵ月後には、とても自分一人ではオーダーをさばききれない状況になって、金融会社に勤めていた友人の田中君（現ティーサーブ副社長・田中彰氏）に声をかけました。チラシだけは作りましたが、法人にするまでの三年間は、事務所も持たず、屋号として「ティーサーブ」を名乗って、二人で仕事を続けていたんです。

設備投資ということでいえば、当時一機十万円した携帯電話を一台ずつ買ったのと、二十万円で事務所代わりの自動車を買ったぐらい。その自動車に自転車を積んで街中に出かけ、パーキングなどに停めておく。

携帯にオーダーの電話がかかってきたら自転車を走らせる。そんな形で三年間やっていました。

やがて「外資系企業を相手に仕事をしているのに、ネームバリューも事務所もないってのはまずいかな」ということになって、東京・新橋に四畳程度の事務所を見つけ、月六万円でそこを借りたんです。と同時に、ティーサーブを有限会社にした。それが九二年のことです。

その後、知らない間にメッセンジャーの数が増えて、気がついたら百五十人（笑い）。始めたときは、まさか百人ものメッセンジャーを抱えることになるとは思いもしなかったからビックリです（笑い）。

クライアントは僕の出身畑である広告代理店関係と、田中君の出身畑である金融関係の二本柱で、この流れは現在にも引き継がれています。僕たちの姿を見て、「あれは何だ？」ということで存在が広まり、口コミで仕事が増えていく。この繰り返しで十二年間きたんですよ。だから、営業活動というものをしたことがない（笑い）。

“経験”がどこも真似できないシステムを作った

有限会社にした二年後には株式会社にして、以降、順調に業績も伸びています。その間、人員もどんどん増えて、それにともなって事務所も拡張してきました。もちろん、オーダーを受けてから書類を届けるまでのシステムも整えてきた。

現在は、ディスパッチャーという人間を配置して、メッセンジャーの仕事をコントロールしています。ディスパッチャーは、言うなれば司令塔のようなものですね。

自分がメッセンジャーをやっていましたから、「受けたオーダーをいかにメッセンジャーに伝えるか」が一番大切だということは十分わかっている。そこをうまく機能させるためのシステムなんです。

コンピューターの画面を見ながらメッセンジャーに指示をするディスパッチャー

簡単に説明すれば、十八人程度のメッセンジャーを一チームにして、そこにディスパッチャーを一人つける。いまは七チーム体制で業務を進めているんですが、オーダーを自分のチーム内のどのメッセンジャーに振るかは、すべてディスパッチャーが頭の中で組み立てていくんです。

たとえば電話でオーダーが入ります。オーダーを受けたオペレーターは、どこの誰から、何時に、どこからどこへ荷物を届けるのか、といったデータをパソコンに入力していきます。

大きなカバンを背に、いざ、出動

同時に、各オペレーターによって入力された受注データは、すべてディスパッチャーの前のパソコン画面上にリアルタイムで送られる。ディスパッチャーは次々と入ってくる受注データを見ながら、自分のチームで引き受けられそうなものをピックアップして、メッセンジャーに仕事を振り分けていくわけです。

画面を見ながら無線で指示していく、そうした作業を朝九時から夕方六時、七時ぐらいまでやり続けるのがディスパッチャーという仕事です。

ですからディスパッチャーになるには、少なくとも二年以上メッセンジャーをやって、実際に街中をいろいろと走り回った人間でなければ務まりません。クライアントの場所がどこか、どんな道があるか、どういう経路を走ると早いか、あるいはどのような建物がどこにあるか、といった街の細かな風景が頭の中に入っていないと、効率よくメッセンジャーを動かしていくことができないからです。ときにはリレーといって、途中でメッセンジャー同士をドッキングさせて書類を引き継いでいくという場合もありますし。

ただし、ディスパッチャーとして仕事をするのは週二日としています。残りの週三日は実際にメッセンジャーとして街を走ってもらう。というのも、街というのはめまぐるしく変わりますから、常にナマの情報を仕入れておかないといけないんです。

もちろん、難しい仕事ですから誰でもなれるという役割ではない。頭の回転の速さや的確に指示を伝える能力、瞬時にオーダーを振り分けるセンスなどがディスパッチャーには必要です。だからなかなか優秀なディスパッチャーは育ちにくいし、それだけほかでは真似されにくいシステムであるともいえます。

　こうしたシステムは大事なサービスのひとつです。しかも、こうしたシステムでないと利益も上がっていかない。うちは十二年間で百円しか値上げしていませんが、そのなかで会社としての利益を上げつつ、クライアントにも、メッセンジャーたちにも最高のサービスを提供していく技術を考えていかないといけません。

　それにはやはり「自転車で書類を届けます」だけではやっていけない。企業秘密と言われるようなサービス技術がないとダメなんです。

目指すイメージは〝ジブヤ系ガテン〟

　自転車そのものについて興味があったのか、好きだったのかと聞かれると、じつは僕自身は好きでも、興味があるわけでもなかったんです。

　ただ親父もその兄弟も競輪選手なので、自転車で走る姿が幼いときから焼きついてはいましたから、自転車を使ってメッセンジャーの仕事をやろうと思いついたのは、そこから出てきているのかもしれない。現在は「自転車大好き人間」ですけれど、当時はとくに好きというわけではなかったんです。

　それに十年前は「自転車が大好きというやつにはオタクが多い」という雰囲気でしたしね。いまのように自転車がファッションアイテムとして、ある程度認められているような世の中ではありませんでした。

　とはいえ、マウンテンバイクで走るのが格好いいという認識の現在でも、バイク便や自転車便の仕事はガテン系（肉体労働）のイメージが強いですよね。そこを、どう〝ジブヤ系ガテン〟へとイメージアップさせていくかが、我々のひとつの課題です。

　ティーサーブでは、メッセンジャーたちにそれぞれメッセンジャー番号をつけています。当然僕がメッセンジャー番号一番なんですが、じつはメッセンジャー番号四番は、僕が大学時代にお世話になった駐車場のおじいさんなんです。

　起業したときに「メッセンジャー

「メッセンジャーを地域コミュニティーに活かしたい」と語る池谷氏

をやってくれないか」と頼んで、メッセンジャーになってもらったのですが、当時すでに七十歳でした。

残念ながら七年前に亡くなりましたが、こういう方がユニフォームに身を包んで、マウンテンバイクにまたがり颯爽と書類を届けに来る——。そのインパクトは大きいですよね（笑い）。しかも格好いい。

この方の姿が、じつはティーサーブが目指すメッセンジャーの理想の姿なんです。

つまり、若いとか、歳をとっているとかに関係なく、体を使う仕事を格好よく、プライドを持ってやってもらいたいというのが僕の思い。

言わばメッセンジャーはブルーカラーの仕事ですけれども、やるからには自信とプライドを持って働いてもらいたい。さらに、ティーサーブという会社自体を「社会に貢献できる会社」にしたい。そう考えているんです。

もうひとつ、ティーサーブは毎年一三〇パーセントの業績伸び率を実現できていますが、今後も自転車便をもっと世の中に浸透させていきたいとも思っています。会社の規模を大きくしていきたいというより、こんないいサービスがあることをみんなにもっと知ってもらいたい、利用していただきたい、ということですね。

そのためにも、ティーサーブというブランドを価値あるものにしていく。その成果のひとつが『メッセンジャー』という映画ですが、自転車が活躍できる仕事がここにあるということを広く世の中に知ってもらうこと、それが目下の目標です。

自転車活用ビジネスの可能性は多い

自転車には、環境にいい、機動性が高いなどたくさんのメリットがある。ビジネスにつながるかどうかということまで含めて、いろいろな可能性があると思うんです。

メッセンジャーの仕事はシンプルに言ってしまえば、A地点からB地点まで荷物を動かすというものです。この点に関して、これまで我々は技を磨いてきた。言うなれば自転車物流のプロなわけです。

ここでは自転車の効率性というものが十分に発揮されている。もちろん、環境にもいい。この部分をもっと生かしていくことが、自転車の可能性をより広げていくことになるだろうと思っています。

もうひとつ、自転車の可能性ということで考えているのは、地域密着型ビジネスの展開なんです。

たとえば、どの地域にも本屋やレンタルビデオショップというものがあると思います。いまは自分の足で本を買いに行ったり、ビデオを借りに行ったりしている人がほとんどです。でも半径四キロ圏内にティーサーブの拠点を配置して、なおかつパソコン画面上でデータが入力できるような環境にしておくことで、欲しい品物をメッセンジャーが届けてくれるといったサービスが受けられるようになる。

たとえばインターネットであるレンタルビデオショップのサイト画面を立ち上げて、「××のビデオを借りたい」とオーダーを入力すると、ビデオショップに届くデータが同時に、「○○ビデオショップでピックアップ、池谷さま宅お届け」という形でティーサーブにも送られてくるわけです。そのデータを見たメッセンジャーが、ビデオショップでビデオをピックアップして、自宅まで届けてくれる。

地域にすでに存在している流通ルートを活用して、「自宅にいながらにして品物を手に入れたい」「持って来てほしい」というニーズに応えていく。こうした地域密着型のサービスも、今後は可能性として十分考えられると思います。

なにしろ「持ってきて」というニーズに応えるだけでも、さまざまなサービスが考えられるんですよ。不在中に届けられた宅配荷物をティーサーブで預かっておいて都合のよいときにお届けする、病院まで薬を受け取りに行けないお年寄りに薬をお届けする、赤ちゃんを抱えて満足に買物に行けないお母さんのために日用品をお届けする、平日にクリーニング店を利用しにくい人に代わってYシャツを出してあげるなど、サービスの内容はいくらでもある。

自転車ですから、遠く離れた地域から物を運ぶというのは難しいけれど、小さなコミュニティーの中であれば、自転車便が活躍できる場、可能性はたくさんあるのではないかと思いますね。

しかも地域で活躍するメッセンジャーなら、若者でなくても、マウンテンバイクを使わなくても構わないわけです。年配の人がやったって、電動バイクを使ったっていい。まだまだ現役として働きたい高齢者が、地域のためにデリバリー・メッセンジャーとして活躍する。こういうことも可能になります。

この無線機がメッセンジャーとディスパッチャーをつないでいる

ローテクではあるけれど、こうした地域に貢献できるようなサービスを提供していきたいというのも、現時点での大きな目標です。自分で言うのもなんですが、コンセプトとしては、とてもいいと思っているんですよ。ただ採算がとれるかどうかはわからないですが（笑い）。

メッセンジャーの姿が手本になるように

ティーサーブは自転車の持つ可能性を生かしてビジネスを展開し、おかげさまで多くの方に受け入れてもらっています。それでも、自転車で十二年間ビジネスをやってきて感じるのは、日本という国では、外国と比べると自転車文化が根づきにくいということ。

ですから「自転車は空気を汚さない、環境にいいからどんどん乗りましょう」と言っても、自転車しか利用しないという人が増えていくということは、考えにくいような気がします。

ただ、やはり自転車を媒介にして環境に関心をもってもらう、そうした風潮をティーサーブが率先して広げていきたいとは思っています。

そのためには自転車が持つスピード、性能、格好よさをアピールして、自転車のよさを伝えていくという方法もありますし、メッセンジャーの姿を見てもらって、自転車のよさに気づいてもらうという方法もある。

たとえば我々が口にする「格好よく」という表現の中には、ファッションとしての格好よさだけではなく、モラルの面での格好よさということも含まれています。簡単に言えば、マナーを守って走ることが格好いいということです。

ティーサーブの企業ポリシーのひとつが「共存」なのですが、これは歩行者、自動車、バイク、すべてのものと「共存」して走るという意味です。言い換えれば、誰にも迷惑をかけず、ルールやマナーを守って走ろうよ、ということです。

ですからティーサーブのメッセンジャーは、必ずヘルメットを被っていますし、交差点でも直接右折するようなことはしません。そうした教育をメッセンジャーたちには行なっているんです。

社会との共存を考えて、「格好よく」走るメッセンジャーを増やし、ティーサーブのメッセンジャーたちが街乗り自転車文化のリーダー的存在になること。これが長い目で見れば自転車のよさを効果的に伝え、広めていくことにつながっていくのではないかと考えています。（談）

【池谷貴行　いけや・たかゆき】
長野県生まれ。早稲田大学社会科学部中退。在学中から外資系のPR会社でメッセンジャーとして働き、1992年（有）ティーサーブ設立。自分自身も走りながら、自転車便メッセンジャー会社をスタートさせる。94年（株）ティーサーブへ組織変更し、現在に至る。映画『メッセンジャー』のモデルになったことでもよく知られる。
▼ホームページ
http://www.t-serv.co.jp

取材・構成：八木沢由香　写真：水上知子

自転車を利用したボランティア活動

特長をうまく活かして活動の幅は広がる

いまや、駅前などで見られる放置自転車は社会問題にまでなっている。そして撤去され、処分される放置自転車は、年間実に五百八十万台という。

こうした放置自転車や廃棄自転車をリサイクルして販売しているボランティアグループがある。熊本市の「有価物回収業協同組合石坂グループ」だ。同グループは、引き取った自転車を展示した上で、消費者に好みの部品を選んでもらい、オリジナルの再生自転車として販売している。価格は一台千五百円から。消費者は工具を持参し、自分で部品を選び、好みの自転車を組み立てるというシステムだ。

神奈川県の湘南工科大学臨時ボランティアチームは、学内の使われなくなった自転車を整備して、アフリカのエリトリア難民へ送ろうというボランティア活動を行なっている。アフリカのエリトリア国の希望支援物資の中に自転車があるのを知り、学生自治会や教職員らで実行委員会をつくり、本格的に活動を開始。まず、学生の中から有志を募ってボランティアチームを結成し、自治会、サイクリング部の学生やOBが中心となって約四十台の自転車の修理を行なった。そして、平成十二年五月に、寄贈するための四十台の自転車に乗り、約五十キロ離れた晴海埠頭まで運んだという。

一方、東京都豊島区など十七の自治体と、NGOの財団法人家族計画国際協力財団（ジョイセフ）で構成されている「再生自転車海外譲与自治体連絡会」（通称・ムコーバ）は、自転車のリサイクルと同時に、海外の地域保健医療を支援しようという活動を行なっている。

活動が始まった一九八八年からこれまでに、二万五千台以上をアジアやアフリカの六十六ヵ国へ送り出しており、地域で活躍する医師や保健婦、助産婦たちの足として走り回っているという。

アフリカのタンザニアでは、自転車一台の価格は村人の年収と同じほど高価。日本から送られた再生自転車は、保健ボランティアが畑仕事で診療所に行けない村人に薬を配ったり、衛生教育活動など、住民の健康と福祉のために使っている。ネパールやスリランカでは、保健婦や助産婦がそれまで徒歩で行なっていた家庭訪問に使い、自転車を利用することでその数も増え、仕事の能率が上がったという。

こうした放置自転車のリサイクル利用とは別に、自転車を利用した新しい活動も出始めている。そのひとつが、災害救援自転車「ライフメッセンジャー隊」である。阪神・淡路大震災をきっかけにつくられた災害

COLUMN

救援ボランティア推進委員会によって組織されているもので、災害発生時にクルマよりも機動力を発揮する自転車を使って、さまざまな救援活動を行なうというものだ。

　メンバーは現在二十四名で、十八歳から六十九歳まで幅広く、学生をはじめ、自営業、会社員、そして第二の人生をボランティアで活躍している人などさまざまである。居住地も沼津市、小田原市、千葉市、大宮市、八王子市と関東一円、広範囲に広がる。いまのところ、実際に出動したことはないようだが、万一に備えて定期的に野外研修などを行なっているという。

　ボランティア活動ではないが、ひったくり事件などに自転車をうまく利用しているのが、愛知県警。昨年十二月、年末になると増えるひったくり事件に対応するために、私服警官によるＭＴＢ（マウンテンバイク）捜査隊「ペガサス」を発足させた。

　ひったくり事件が多発する繁華街は、狭い路地などが多く、自転車の持つ機動性が役に立つ。隊員は市内の警察署から集められた三十五人。オーストラリアで訓練を受けた専門指導官からＭＴＢの手ほどきを受け、昼夜を問わず警戒にあたる。

　このような自転車の機動性や環境・資源保護面での良さを利用したボランティア活動は、これからますます増えてくるに違いない。

僕のつくる
木製自転車「キノピオ」は
どこにだって行ける
“出かける椅子”

日本で唯一、木製自転車「キノピオ」をつくるクラフト作家・安田將晃さん。環境に優しいだけじゃない、指で素材に触れながら丁寧につくられる自転車からは、木の質感や温もりが伝わってくる。「キノピオ」に乗って走る喜び、「キノピオ」に掛ける思いとは――。

木製自転車制作者
・クラフト作家
安田將晃
さん

チャリンコ少年時代のドキドキがいまも忘れられない

よく、「どうして自転車が好きなのか」って聞かれますけど、僕は逆に「どうしてみんな自転車に乗らへんの?」って言いたい。あんなにワクワク、ルンルンする乗り物ってほかにあります?

エネルギー源は自分の脚力やから、好きなペースで走ったり休んだりできる。ちょっとしたコツと道具さえあれば、電車にだって、バスにだって積み込めるし、船や飛行機に乗せれば、海外へも持って行けます。もっとも組み立て式の自転車を買っても、バラすのが面倒くさくて、ほかの乗り物に積み込んだことがない、って人が多いようやけど……。それじゃ何かもったいないですよね。

それはともかく、自転車には運転免許はいらへんし、燃料もタダ。おまけに無公害ですわ。ええとこだらけやと思いません?

最近、全身をサイクルウェアで決めたレース指向のライダーを見かけるけれど、僕の目指したのは、もっと気軽に乗れるもの。ペダルに「パッチッ」とはまる専用の靴や、風の抵抗を避けるための服を着なくてもいい自転車、天気のいい日にふと河川敷を走りたくなる、そんな自転車がつくりたかったんです。暮らしの中の道具として自転車とかかわりたいと思っているので……。そういう意味では毎日乗ってもらえるママチャリなんて、すごい存在だと思いますわ。

僕は子どものころからチャリンコ少年で、「うわっ、今日はとうとう踏み切り渡って、こっち側まで来てしもうたぁ」なんて、冒険気分で自転車にまたがってました。

考えてみたら、自転車って子どもに最初にチャレンジ精神とか、達成感を与えてくれるものじゃないでしょうか。初めて自転車に乗れたときのことって、みんなよく覚えてますよね。父親とか兄弟とか、近所の兄ちゃんに後ろを持ってもらっていたのに、いつの間にか自分ひとりでこげたときの驚き。あのまんま、どこまでも走って行けそうな気がしたじゃないですか。僕はあのドキドキを、ずっと引きずっているのかもしれません。

こんなふうに、もう自転車が大好きやけど、最近、不思議に思うことがあるんです。

地球温暖化への対策として、近ごろでは化石燃料に頼らない電気自動車なるECO商品が大きな顔をしてますよね。エネルギー効率という点では評価できると思いますが、あれ、低公害ではあっても、電気に頼って走っているわけでしょ。確かに都市公害に対しては優秀かもしれないけど、エネルギー源がガソリンから郊外の発電所に変わっただけで、根本的な解決にはなっていないと思います。環境問題に関心が高まるのはええことやけど、それなら駅やオフィス街に、もっと駐輪場を整備してほしいと思いますね。

だって、自転車に乗ってる人って、数ある移動手段の中でも一番環境に優しいものを選んでるわけですよね。なのに、置くとこがあらへんから仕方なくその辺に停めておくと、放置自転車としてトラックに積まれて持って行かれてしまう。

なかには、車やバイクも持ってるけど、あえて環境を考えて自転車に乗っている人だっているのに、その人たちの愛車をまるでゴミみたいに扱って……。国や自治体が駐輪場を増やしてくれれば、あんな放置と撤去の繰り返しも少なくなるはずやと思うんです。もちろんユーザー側にも価値観を変えてもらわなくてはいけないかもしれません。もっと自転車を大事にしてもらいたいものです。現状では「持って行かれる」がゆえに「安い自転車でいいや」という愛着のわかない使い捨て感覚で、放置、撤去が繰り返されています。この悪循環をどこかで断ち切らないとダメですね。

旅で出会ったモノづくりの面白さが木製自転車づくりのきっかけに

僕が木製自転車をつくるようになるまでには、いろんな経緯があったんですが、まず最初のきっかけは、高校生のころに自転車屋でバイトしたこと。趣味と実益を兼ねたわけですが、バイトするのにほかの仕事は考えつかなかったですね。

それで、だんだん仕事を覚えていくうちに、細かいパーツの組み合わせでひとつの物が出来上がっていく面白さに目覚めたんです。

まぁ、言ってみたら男の子の大好きなプラモデル、あれのでっかいヤツをつくってる感覚ですわ。でも、プラモのトラックや戦車と違ったのは、自転車は完成品に自分がまたがって、どっかへ移動できるという魅力があることですね。つくって終わり、じゃなくて、その先に広がる楽しみが無限大にある……。これにハマって、もうチャリンコのことで頭がいっぱい。高二のときにはロードレーサーに寝袋積んで、大阪から九州への旅に出ました。大阪を出発し、姫路を回って四国一周して九州に入り、大分からいったん大阪に戻る。で、今度は別の日に大分を出発して九州を回り、大阪に戻るっていうルートで。貧乏旅行やったけど、行った場所を地図で塗りつぶしていくのがもう、うれしくて。

その途中、あれは鳥取だったかな、自転車のビルダーさんに出会ったんです。その人の仕事を見ていたら、金属のパイプがいろんな形に変化して、ひとつの乗り物が出来上がっていくプロセスが面白くて。今度は金属という素材にすごく興味がわいてきたんですよ。

　それで、「金属に触りたい」という目的で大学に進学し、金属工芸を専攻しました。在学中は、指輪とか、机とか棚とか、彫刻のオブジェとかつくりながら、金属を扱うのに必要な知識や技術を叩き込まれました。いろいろな素材を触ってその特徴や扱い方を知ったし、何よりも実践的なことが身についたので、いまそれがものすごく役に立ってます。

　このころ、島旅をよくしていて、種子島とか石垣島とかに行きました。大学のレポートで和鉄をテーマにしたので、その取材というのも目的だったんですが、島って、海に囲まれた特定範囲の中にひとつの宇宙があるというか、独特の文化や歴史があるやないですか。この島巡りで、島の人たちから自然とのつき合い方とか、生活の中で培われてきた使い捨てじゃない暮らし方を、教えてもらったような気がします。

　卒業後も研究室に残っていたんですが、この先どんな道へ進もうか迷っていたんです。というのも、それまで金属でいろんなものをつくったり、見たりしてきたけど、いまの日本ではそれらは道具じゃなくて、アートになっちゃってる。みなさんが毎日使ってる家具のなかに、金属製のものってあります？　錫のカップや銅の鍋のようなキッチン用品はあるかもしれないけど、ほとんどのものがアクセサリーとして飾られてい

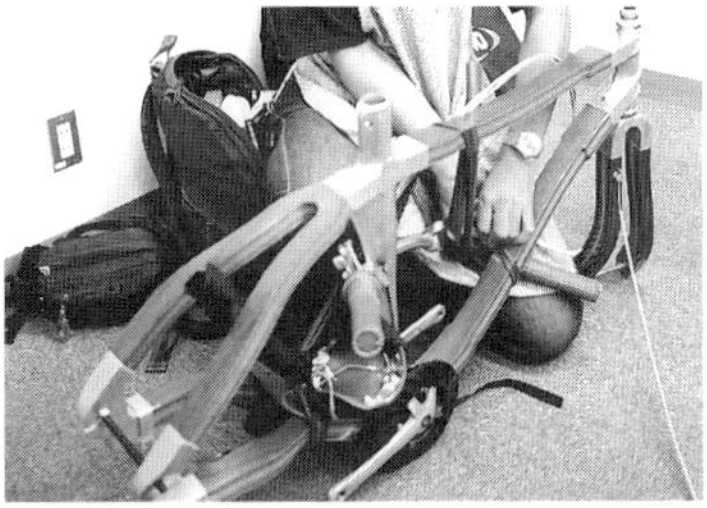
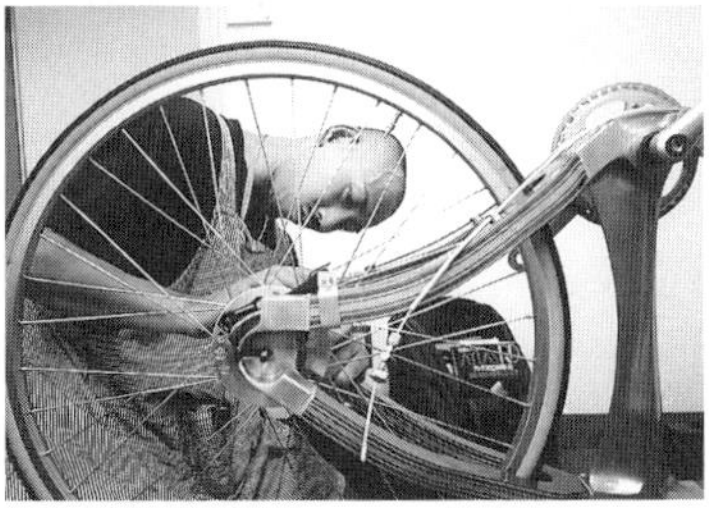

パーツの一つひとつにこだわりが見える。ハンドルに巻かれた革には「Kinopio」の文字が…

ハンドメイドの木製自転車「キノピオ」第1号

るだけなんですよね。

でも、僕はあくまでも人の暮らしの中で使ってもらえるものをつくりたかった。それで、生活の中で使われてる金属製のものは何だ？　と改めて周りを見直したとき、そこにあったのが自転車だったんです。

大学時代はなぜかちょっと自転車から離れていたので、「そうだ、俺には自転車があったやんか、あんなに夢中だったのに、最近全然乗ってないやん！」って、気づいたんです。

そんなとき、堺市の自転車博物館に展示されていたイタリア製の木製自転車を見てその美しさに感動し、「これやっ」って思いました。どうせなら、ほかにはない自転車をつくりたかったし、「自分が乗りたい理想の自転車」をコンセプトに、木製自転車の制作にとりかかりました。

一台の制作期間は約半年。キノピオはこうしてつくられる

僕のつくっている組み立て式木製自転車「キノピオ」は、フレーム主要部が木製で、接合部などのパーツはアルミニウムでできています。イタリアには、タイヤとチェーン、シャフト以外は全部木製という自転車もあるようですけど、性質の違う二つの素材を組み合わせたことで、木の美しさや温もりが引き立ってるんじゃないかと、自分では思っています。

デザイン、設計から、木製フレームの合板作業、アルミニウムの鋳造まで、全部ひとりで手づくりしているので、一台作るのに半年はかかります。最初に作ったキノピオ一号にいたっては、構想から完成まで丸二年！　だから出来上がったときはもう、メチャうれしくて。

それまでつくっていた彫刻などは、つくり終わったら一回眺めておしまいやったけど、この一号機はいまも僕の足であり相棒になってくれてます。ちなみに、キノピオという名前がついたのは偶然。あるとき、友だちがピノキオのことを「キノピオ」って間違えて言ったんです。でもそれが何か面白くて、そのままネーミングしました。なかなか可愛い名前で気に入ってます。

制作工程はといいますと、まず設計をします。僕は全体図からではなく、パーツの書き起こしから入っていくんです。頭の中にある立体的な構造を平面に置き換えて書いていくという作業なので、設計というか、スケッチですね。ＣＡＤ（コンピュータ設計）なんて使えへんし、もう、完全にローテクの世界ですわ。

その後は原寸大の各パーツをベニヤ板の上に書き込んで、全体のデザイン画をつくります。これを基にパーツをつくっていくんですが、パーツがひとつ出来上がるたびにこの板の上に置いていくので、ベニヤ板がジグソーパズルのように埋まったら、すべてのパーツをつくり終わったということになるんです。

木のフレームには、ウォールナットとホワイトオークの二種類の木材を使っています。これを二ミリの薄い板にスライスして重ね、合板にします。クルミと樫の木は丈夫やし、二色の板がつくり出す断層面がきれいなんです。

スポーツタイプの自転車みたいな、直線的なラインにはしたくなかったので、フレームが曲線的なのもキノピオの特徴なんですが、この曲線は鉄板でつくったジグに当てて成型しています。

角材にしてから切ったり削ったりする方法もあるけど、それやとどうしても木材の無駄が出てしまいますよね。森や林が育っていく過程で生まれる間伐材を有効活用したいというのもキノピオのテーマなので、できるだけ木を捨てないようにしています。

キノピオづくりで一番大変だし時間がかかるのは、じつはアルミニウムの鋳造。まず、各パーツごとにシリコンで鑞型をつくり、それをさらに耐火石膏で型取りし、この型にアルミニウムを流し込んでいきます。鋳口と呼ばれる筒を型に立てて流すんですが、これを慎重にやらないと、設計通りのパーツが出来上がらない。でも、板金だと有機的な形は出ないんです。鋳物でないと表現できないラインっていうのがあるんですよね。最後は手と指で触って確かめながら、形を決めていくんです。

大まかにいえばこんなプロセスなんですが、六つの主な金属パーツが出来上がるまでに三ヵ月はかかります。でもまぁ、ここまでくれば先は見えたようなもの。そろったパーツを組み立てていけばいいんですから、プラモデルをつくるのと同じ楽しさがあるわけです。

でも一つひとつのパーツをくっつけるときはもうドキドキですわ。うれしいのと、心配なのとでね。実際、空気穴をつくるのを忘れて、接着剤がうまく入らなかったこともありますし。

こうして初めて木と金属が一体となり、キノピオっていう自転車が生まれるんですが、僕はキノピオを育てるのは、乗ってくれる人やと思ってるんです。キノピオは言ってみれば〝出かける椅子〟。毎日大切に乗ってくれる人が、この自転車と一緒にいろんなストーリーをつくってくれたらうれしい。かなり目立つので、走ってると車に追いかけられたり、停めてると子どもが集まってきたり、こっちもけっこう話題を提供してるようやけど……。

モノを大切にする伝統をヨーロッパに学びたい

最初のキノピオをつくったのがいまから二年前。現在、四台目を制作中ですが、僕はほかにもハンドメイドの鉄筋クラフトを手がけています。コンクリートの補強材として使われる鉄筋は、見た目はゴツいけど、クニャクニャ曲げて棚や椅子、机にすると、なかなかいい味を出すんですよ。何かそのまま歩き出しそうな雰囲気で。こういった道具も、やっぱり生活の中で愛され、使われるものを目指しています。

ところでもうすぐ、キノピオ一号と一緒にイタリアへ行く予定です。キノピオにキャリアを取りつけて、自由気ままに走り回るつもり。イタリアは自転車の先進国で、腕のいい職人さんのいる小さな自転車工房がたくさんあるんです。そんな工房や家具づくりの現場を訪ねて、自転車づくり、ものづくりを勉強してきたいと思っています。ぜひ会いたい人もいるんです。ジュゼッペ・マテラという人で、この人がタイヤとチェーン、シャフト以外は全部木製の自転車をつくっているんですが、彼にキノピオを見せてみたい。そのために、目下イタリア語を猛勉強中でもあります。

日本ではいま、生活用品の使い捨てが当たり前のようになっているけど、ヨーロッパって、いい道具を大切に使い、次の世代に受け継いでいく伝統があるじゃないですか。つくり手も使い手も、物に対する考え方が日本とは根本的に違う気がしてうら

やましい。

親子三代で使われる家具なんて、買うときには高いかもしれないけれど、使っているうちにどんどん価値が増していくものですよね。だからヨーロッパに行って、そんな伝統や文化に肌で触れてみたいとも思っています。

僕のつくるキノピオも、〝出かける椅子〟としてヨーロッパの家具のように何代にもわたって使ってほしいから、より長く使えるようにデザインしたつもりです。

ただ、制作日数やコストの関係で、一台七十万円という高額になってしまっているのがいまの課題。今後はいまのデザインを守りつつ、材料や工法を変えてコストダウンを狙います。またイタリアには、その辺を解決できるノウハウとかヒントがあるんじゃないか、見つけられるんじゃないかって、期待もしているんです。

これからの夢は、そうですね、自転車工房とショップを両立させたスペースを持てたらいいなぁと思いますね。キノピオはオーダーメイドだから、乗る人とコミュニケーションしながらつくっていきたいし、キノピオを渡してからも、その人が時間をかけて、気持ちを入れて、自分の道具として育てていくのを見ていたい。
将来的には何とか頑張って、二十万円台でキノピオをお届けできるよう努力したいですね。
ご注文いただいたら、一番目立つところにあなたのお名前、入れますよ！ （談）

【安田將晃　やすだ・まさてる】
1973年大阪府生まれ。97年大阪芸術大学工芸学科金属工芸専攻科修了後、自転車制作を始める。99年試作1号機「キノピオ」完成。この年、「キノピオ」が鹿児島県隼人町「木と生活文化展」に入選。翌年には「朝日現代クラフト展」に入選する。自転車のほかに、有名テーマパークのアトラクションにかかわったり、鉄筋を使った机や椅子などを制作するクラフト作家でもある。
◆木の自転車「キノピオ」の価格は、1台70万円。興味のある方は、ホームページ（http://www.sutv.zap.ne.jp/kinopio）をご覧ください。

取材・構成：西村久美子　写真：水上知子

目的別、自転車の多様化

自分のライフスタイルに合わせて選ぼう！

　自転車は一八一八年にドイツで発明されて以来、さまざまに発展してきた。基本的には、二つの車輪をペダルとハンドルで操作しながら人力で動かす乗り物だが、目的によって大きく実用車、スポーツ車、子ども用自転車に分けられる。

　そして実用車の中でも業務用とは別に、いわゆる〝ママチャリ〟が一つのジャンルになり、スポーツ車はサイクリング用から本格的なロードバイクへと発展してきた。その一方、同じスポーツ車でも別な発展を遂げたのが、山用に開発されたマウンテンバイクである。じつは日本で発明されたものだが、アメリカで人気となり、映画『E.T.』の中に登場して、日本でも大流行になった。

　しかし、この十年で劇的な進化を遂げたのは電動アシスト自転車と、折り畳み自転車だ。一九九三年バイクメーカーとして有名なヤマハが、自転車市場にまったく新しいタイプの自転車「パス」を発売した。充電式バッテリーで動くモータを搭載し、走行時に踏むペダルを軽くしてくれるものだ。ペダルをこがない限り補助をしないため、自走はしない。操作は自転車とまったく同じで、運転免許も必要ない。

　それまでママチャリは変速なしか、あってもせいぜい三段変速ぐらいだったから、子どもや重い買い物袋を乗せた走行は大変だった。また中高年の自転車人口が増えてきて、坂道の多い町中を走るのは一苦労だった。その難点をうまくとらえて開発されたパスは、消費者ニーズに見事に合致、生産台数はうなぎ登りとなった。さらに、九六年にはチェーンを使わない新しいシャフトドライブ方式の自転車駆動ユニットを開発し、より効率の高いものへと発展させている。

　いまでは、自転車メーカーはもとより、家電、造船、農機具メーカーまでもが参入するという戦国時代の様相を呈している。

　その一方、この数年ブームなのが折り畳み自転車。このアイデアは、すでに十九世紀後半にフランスで軍用として開発されている。それが、自転車の置き場に困る都市部のマンションや住宅をはじめ、クルマに積んでアウトドアを楽しんだり、列車やバスを利用してサイクリングを楽しむなど、現代のライフスタイルやニーズから急激に人気が出てきた。

　九八年には、ナショナル自転車工業がJR東日本と「トレンクル」を共同開発。五・八キロという軽量で、駅のコインロッカーにも入れられるコンパクトさが話題になった。ほかにも、ブリヂストンの「トランジットコンパクト」は三万九千八百円と安く、丸石自転車の「あらら」は十

COLUMN

秒で折り畳めるのがポイント。ナショナル自転車工業の「WiLL BIKE」は女性をターゲットにし、本田技研工業は電動アシストと折り畳みを組み合わせた「ホンダラクーンコンポ」を発売している。また、台湾メーカーのジャイアントは、スポーツ仕様にこだわり、リアサスペンション付きの「MR4」を開発した。

ますます折り畳み自転車の人気が高まるなか、本格仕様の自転車の出現もあって、一般・レジャー利用だけでなく、一部電車などを利用した長距離メッセンジャー業を行なう会社も出てきそうだ。

一方、環境にいい自転車を「もっとクリーンにしたい」という発想から、日本自転車協会が九九年に統一基準の「ハース」を制定した。自転車を処分するときに発生する恐れのある有害物質を減らすために、新しい素材を随所に使用し、環境に配慮した自転車を認定する。こうした統一基準を作ったのは業界でも初めてのこと。

ハースとは心（ハート）と地球（アース）の造語で、二〇〇〇年五月には優良自転車の「品質基準適合マーク」へと発展進化した。塩ビ（塩化ビニール）を使っていない、錆びにくい部品の採用、の二点を満たしていれば協会からハースとして認定され、ハースマークを付けて販売できる。

塩ビを避けるのはダイオキシン対策である。自転車にはサドル、ハンドルの握り部分、ブレーキワイヤーの覆いなど、プラスチックがたくさん使われており、その多くが加工しやすく価格も安い塩ビだった。また、自転車は錆びがひどくなると放置され、粗大ゴミになりかねない。そこでハースは、ハンドルやフレームの素材を鉄からステンレスやアルミニウムなどに変えたり、表面のメッキを厚くして錆びにくくすることを求めた。

ハース登場後の二年間は、適合した自転車が年間わずか二万台。年間八百万〜九百万台という国内の自転車出荷数から見れば小さな存在だったが、徐々に市場に浸透し、ナショナル自転車工業では通学用自転車をすべてハース基準に適合させた。

ようやく広がりが見えてきたその背景には、安い輸入車の急増がある。業界が生き残るためにも、国産自転車には新たな付加価値が必要だったという理由もある。価格は多少上がるが、環境への配慮を備えたハースは、大きな注目を浴びつつある。

◆ハースマーク自転車の主な素材

アルミ、アクリル、ポリプロピレン、皮革系素材、ステンレス、アクリロトリル、ポリウレタン系素材、スチレン系素材、鉄／ブタジエン／スチレン、ポリオレフィン系素材

「ケルビム」の自転車が創り出す一人ひとりにベストマッチの自転車ライフ

世界にただ1台、自分のためだけにつくられたハンドメイド自転車。自転車競技やマニアの世界では常識だが、「街乗り自転車」となるとその認知度は低い。快適さや安全性を考えればもっと注目されるべきハンドメイド自転車の魅力を、日本を代表する製作者の今野仁さんに聞く。

ハンドメイドサイクル
「CHERUBIM」／
（有）今野製作所代表
今野仁
さん

ケルビムの第一号車は実家の物置小屋から生まれた

高校を卒業して最初に入社したのが東京芝浦電気（現・東芝）で、蒲田工場に勤めました。そこで溶接の仕事をしていたんです。五年くらい勤めましたかね。その後大学でしっかり溶接の勉強をしたくなって会社を辞め、東海大学工学部の金属材料工学科に入学しました。

　大学に通う学資を捻出するために始めたのが、レース用の自転車づくり。すぐ下の弟が法政大学の自転車部のキャプテンでしたから、そこの選手たちの自転車をつくらせてもらうことになったんです。

　当然、工場なんてりっぱなものはありません。実家の物置小屋を溶接場にしまして、そこで見よう見まねで自転車づくりを始めました。

　その自転車に母が名付けてくれた名前が「ケルビム」。「ケルビム」とは天使の名です。エデンの園で生命の樹へと続く道を守護していると言われています。

　始めて間もなく「ケルビム」に乗ってくれたのが、メキシコオリンピックの自転車競技に出場した井上三次選手でした。しかも井上選手は、オリンピックのレースに、この「ケルビム」号で挑み、日本新記録を樹立したんです。この記録は、その後二十年くらい破られませんでした。

　これを機に、大学で学ぶ傍ら、本格的にレース用自転車をつくるという日々が始まりました。二十六歳のときのことです。

自転車人生のきっかけは改造車

　大学卒業後は、そのままレース用自転車の製作の仕事に入ってしまいました。世田谷の実家から、結婚を機会に町田へ引っ越し、一九七三年にハンドメイドのサイクルショップ「今野製作所」をオープンしました。「CHERUBIM」の生産に専念するようになったんです。

　いまにつながる仕事のきっかけは学資捻出のためでしたが、振り返って考えれば、やはり自転車づくりがしたかったんでしょう。モノをつくること自体も好きでしたし、自転車も大好きでしたから。思えば、好きなことを仕事にして何十年もやってこられた。これは本当に幸せなことだと思います。

　じつは自分自身も、昔は自転車レースの選手をしていました。六十歳を超えたいまでも、レースに参加して走っているんですよ。

　どうしてこれほど自転車が好きなのかなぁと考えてみると、そもそもは中学生時代にさかのぼるのかもしれません。

　当時、悪ガキの友人がいましてね。普通の自転車をレース用に改造して

今野氏は、日本を代表するフレームビルダーとして高い評価を集めている

売りつけていたんです。その自転車をつい買ってしまった（笑い）。言うなれば、これが私の自転車人生のスタートでした。

改造車とはいえ、レース用の自転車ですし、ちょうど「自転車レースというものがあるらしい」との情報も飛び込んできた。それで自転車の展示会に出かけて、係の人にレースのことを聞いてみたんです。

そのときに、台東区に自転車競技連盟というものがあるから、そこで聞いてみたらどうかと教えてもらい、連盟に出向きました。すると、連盟に登録すれば選手になれるとのこと。自転車レースへの参加方法がわかって、高校生になるころには、レースに出場するようになっていました。

楽しくて健康にもいい、それが自転車のよさ

自転車の一番の面白さは、「変化」ですね。カーブも下りも「変化」の連続です。この「変化」を体感できるのが自転車の大きな魅力です。カーブする、加速する、景色も変わる、こうした変化があると飽きないですし。坂を下るときの爽快感や軽快感も、言い表わせないくらい楽しい。

それに、非常に自由です。バイクやクルマと比べて、スピードがありながら、周りの景色を楽しむことができる。一方通行も細い道も、関係ありません。

遠くまで行けるし、行動半径も広いですし、スピードだってばかにしたものじゃない。東京から新潟県の糸魚川市まで三百キロを走りきるレースがあるんですが、速い人だと八時間でゴールしてしまう。車にも負けないスピードで、山をいくつも越えて日本海まで行くんです。すごいと思いませんか？　普通の人でも、乗る気があれば百キロや二百キロぐらい十分走り切れますよ。

人間は動物ですから、勉強や仕事ばかりではなく、身体も動かしていかないと不健康になるような気がします。適度に身体を動かして頭も使

うというのが、健康的な人間の生活だと思います。

　自転車は人力でこぐものですから、十分な運動になる。それに自転車が健康に有効であることは古くから知られています。病気のリハビリから体力向上まで、健康増進にかかわるあらゆる段階に適している。

　米国のアイゼンハワー大統領は主治医の助言に従い、スポーツ自転車に乗って持病の心臓病を克服したんです。その後、激務まで遂行することができた。これは有名な話です。

　自転車を使ったスポーツの特長は、健康の基本である心肺機能の向上に効果があること、運動密度の高さ（時間当たり、エネルギー消費量）、そして個人差に対応できるところにあります。自転車競技の選手の肺活量と心臓の容積は、すべてのスポーツ選手の中で最も優れているそうです。

　うちにも最近、医者から運動を奨められたので自転車が欲しいという方が結構いらっしゃいますが、健康にも良くて、自由に動かせて、しかも面白い。交通規制も最小限ですむし、維持費も少ない。電気やガソリンも必要としませんし、手軽に使えて環境にもいい乗り物である。ここが自転車ならではの良さでしょうね。

障害のある方にも楽しんでほしい

　うちの自転車は、基本的にスポーツサイクルです。ロードレース、トライアスロン、日本一周、世界一周と、あらゆるシーンに対応できる自転車を製作している。オリンピックや世界選手権、サイクルサッカーの分野でも、日本の代表選手に使っていただいています。

　とはいえ、競技用の自転車しかつくらないわけではありません。やはり一人でも多くの方にサイクリングを楽しんでほしいし、日常的に使いこなしてもらいたい。ですから、いろいろなパターンの自転車をつくっています。

　たとえば〝ウルトラミニ〟という折り畳み自転車は、世界最小のポータブルサイクルです。この自転車は、じつは私自身が欲しくてつくったんですよ（笑い）。折り畳めば電車やバスにも乗れますし、これを持って遠方にスケッチに行くなど、いろいろと楽しむことができる。

　〝ＵＮＴＡＲＯ〟というのは運搬車ですが、百キロの荷物を積んでも、ふらつかずに自転車を走らせることができます。

　お客さまからの「こういう自転車が欲しい」という要望も結構ありますね。とくに、うちがハンドメイドで自転車をつくっているからでしょうか、障害をもっていらっしゃる方のご家族が、「何とかしてくれるのでは

自作の自転車がところせましと並ぶ明るい店内

ないか」といった思いを抱えて来てくださることが多い。

知能に障害のあるお子さんをお持ちの方でしたが、子どもを前に乗せても危なくない自転車が欲しいと言われ、″UNTARO″の前の荷物カゴを子ども用の特殊なシートに替えて、オリジナル自転車をつくったことがあります。

同じく知能に障害のあるお子さんでしたが、お父さんから「子どもを後に乗せてしまうと、親の背中しか見えないことになる。景色を楽しませてあげたいし、自転車をこいでいるという雰囲気も味わわせてあげたい」と言われまして、タンデム（二人乗り）車を利用して特殊なモデルもつくりました。

ペダルは二人でこぐわけですが、お子さんが座る前の席にはダミーのハンドルをつけ、実際の操作は後席のお父さんが握るハンドルで行なう。完成したときは、本当に喜んでいただけた。

タンデム車でいえば、前の席にご主人が、後席に全盲の奥様が乗られてサイクリングを楽しむご夫婦もいらっしゃいます。

一人ひとりの希望に応えられるように

このように、これだけ長く自転車をつくっていますと、誰かのお役に立てたうれしい話もたくさんあります。それでも自転車にはまだまだ解決しなければいけない問題がたくさん残っている。そこをどう変えていくかが、ハンドメイド自転車をつくっている僕の課題ですね。

たとえば通勤で自転車を使っているとします。距離を乗るから、軽快で快適に乗れるスポーツ車がいいけれど、会社帰りに夕飯の買物をして帰りたい日もある。そんな場合は、キャベツだとか大根だとか、重い荷物も運べる通勤車が欲しいと思うでしょう。

ほかにも帰るときに雨になってしまったとか、坂道が多くて大変とか、ガタガタ道を走ると乗り心地が悪いとか、雪の日も通勤で使いたいとか、日常生活の中で毎日自転車を使っているとさまざまな問題が出てくる。

そうした問題を解決できるようにと思って、つくったのが〝通勤〟という自転車です。

これはショックが少ないように前にサスペンションがついています。それから雨の日のブレーキの問題にも対応できるようになっている。雨が降ると、細かな砂利がブレーキのゴムの中に入ってしまって、車輪の金具部分を削ってしまうんです。それが原因で、晴れている日でもうまく走れなくなってしまう。そこを解決するためにディスクブレーキをつけました。快適に使える変速機もついています。

毎年、「ハンドメイドバイシクルショー」というものが開かれているのですが、うちの自転車は連続四回ずっと「ベストバイシクル賞」をいただいています。

毎年、自分でテーマを考えて出品しているんですが、今年のテーマは「通勤」にしてみたんです。去年は「シティーサイクル」。街のなかで快適に使える自転車をつくってみた。おととしは「誰が乗っても速く走れる」自転車がテーマでした。

今年も、二月に開かれたショーで、この〝ケルビム　通勤〟にベスト賞をいただきました。それだけ多くの方に支持していただいているというのは、職人冥利に尽きます。

自転車にも、ただ乗れるだけではなく、面白い何か、ユーモアがあることが大切だと考えているんです。夢がある自転車というんでしょうか。

僕が自転車が好きなように、自転車が好きという人は大勢いると思います。そういう人たちが、いつでも満足していられるような、快適な自転車を提供していきたい。「ケルビムを買ってよかった」と思っていただけるような自転車をつくり続けたいですね。

うちに来てくださる方は、一人ひとり何らかの思い、希望、要望を持っていらっしゃるわけです。「自分だけのこういう自転車が欲しい」とか、「自分の通勤スタイルにベストな自転車が欲しい」とか。そういう思いに応えていかなければと思います。

たとえばイタリア車が好きなんだ

職人肌と研究者肌の両面をあわせ持った今野氏

けれど、サイズが合わないし、色が気に入らないとか、レース用の自転車しかないとか、その人によって細かな希望が違う。そういう一人ひとりの細かなニーズや好みというのは、オーダー自転車でしか応えていくことができない。量産品だと、どこかを我慢しなければならないわけですから。

最適な自転車はオーダーでしか実現できない

量産の自転車というのは、いろいろな人に適応できるよう平均値でつくっているものです。でも人はそれぞれ体型も大きさも違うし、使う目的も違う。

スポーツ車でも通勤車でも、日常生活で使う場合も、楽に速く、疲れずに走るためにはサドルやハンドルなどのポジションが大切になってきます。しかも、ベストポジションは一人ひとり固有のものです。

ですからうちでは、その方に合わせてポイントをいくつか測定し、体型に合った位置関係を把握してオリジナル自転車をつくっている。

ほかにもフラフラしない自転車がいい、ハンドルが重い自転車は嫌とか、フィーリングも違う。極端に言えば、平地が多いところで乗るのか、山ばかりの土地で乗るのか、あるいは平地と山と両方で使うのか、乗る場所の地形も違うわけです。

微妙で、デリケートで、運動性のいい自転車がいいのか、手放しで乗っても安定して走れるような安定性の高い自転車がいいのか、乗りたい自転車の性格をどこに置くのかによっても違う。流行の問題もあります。

こうした条件にすべて合致する自転車というのは、量産品では見つからない。二輪車の操縦性というのはとても難しい問題なので、その方の乗る条件、希望、好みにピッタリなものを、となると、やはりオーダーしかない。そこをコントロールするのはつくる人間にかかってきます。

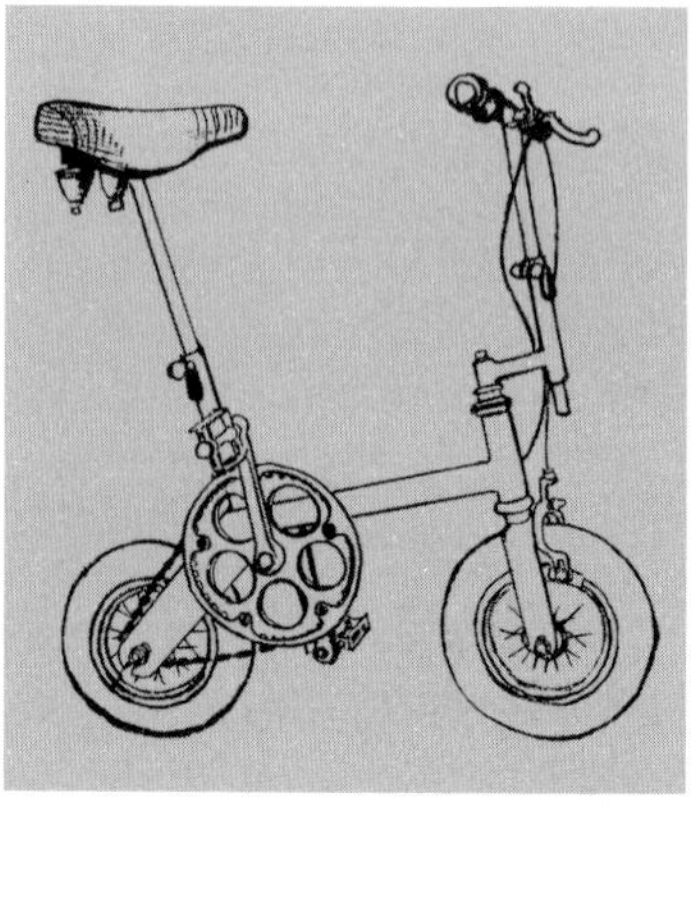
超小型ポータブルバイク「ウルトラミニ」

それと、メーカー車の多くは二七インチというサイズの車輪を標準モデルにしています。これは世界的標準、つまり、スポーツ自転車に乗る欧米男性のサイズです。ですから日本人には合わないことが多い。

メーカー量産品は値段も手ごろですから、多くの日本人が乗っていると思いますが、じつは欧米サイズの自転車に、それと知らされず乗せられているわけです。本当は、快適に自転車を使っていただくためにも、もっと乗られる方に問題意識を持ってほしいというのが、僕の正直な気持ちなのですが……。

自転車が多くの方の人生に役立つように

その人にとって、一番最適な自転車に乗ってほしいというのが、僕の自転車づくりのすべての基本です。その方にとっては、どのような自転車がいいのか、そこを伝えていくのは自転車をつくっている者の役目だと思います。

「とにかく自転車に乗りたい」としか考えていらっしゃらない方でも、うちの自転車を使っていただくことで、自転車が一生の趣味になるかもしれない。新しい未知の世界が広がるかもしれない。

せっかく自転車に乗りたいと考えて来てくださるのですから、自転車とはどういうものか、操作性や体型への適合がいかに大切か、こういった点を十分にお伝えして、やり取りをしながら要望を見つけていく。そして、その要望どおりの自転車を製作していきたいと思います。

イタリア車をはじめ、欧米にはデザインの良い自転車もありますが、日本でも素晴らしい自転車をつくることができます。欧米車のいいところは取り入れながら、日本オリジナルの世界ブランドの自転車が作りたい。「ケルビム」をそんな世界ブランドの自転車にしていきたいというのが夢です。

それともうひとつ、自転車をとおして、幸せな人生を過ごす人たちが増えてほしいという願いもあります。「ケルビム」が、いろいろな人たちの幸せな人生に役立ってくれたら、本当にうれしいですね。（談）

【今野仁　こんの・ひとし】
1940年東京都生まれ。東海大学工学部卒業。さまざまな競技でトップレーサーの自転車を手がける日本を代表する自転車製作者（ビルダー）。レース用のみならず通勤用や折り畳みなど、「街乗り自転車」の開発でも第一人者で、今年度の「ハンドメイドバイシクルショー」（自転車文化センター主催）ではシティーバイク部門とコンペティション部門、ファンライド部門の3部門で1位になり、ベストバイシクル部門でも総合1位に輝いた。

【CHERUBIM　（有）今野製作所】
東京都町田市根岸町381　TEL：042－791－3477
▼主な業務内容は各種自転車フレームおよび完成車の製作と販売。サイクリングの企画やレースなどにも出場するなど顧客とのコミュニケーションを積極的に図る。ミュージシャンの忌野清志郎さんもユーザーの一人で、2001年秋には忌野氏の鹿児島ツーリングをサポートした。
▼ハンドメイド自転車の価格は8万円前後から、製作日数は約2週間（製作内容・時季によって異なる）。注文から完成までの流れは、①相談（目的や乗り方などユーザーの希望を把握）②測定（体格などに合わせたポジションの決定）③フレーム、スペックの決定④製作・組立・完成
▼ホームページ
http://cs~cherubim.com

取材・構成：八木沢由香　写真：水上知子

My自転車でどこでもサイクリング

サイクルトレイン・バスを利用しよう

自転車を列車に乗せて観光地まで行き、そこからサイクリングするという楽しみ方が流行《はや》っている。旅行とサイクリングが同時に楽しめ、爽やかな自然の中で整備された自転車道を思いっきり走れるからだ。

もともとJRなどでは、自転車を解体して輪行袋に入れ、手回り品として二七〇円を払えば、列車に持ち込むことができた。しかし、そこまでする人は、本当にサイクリング好きな一部の人だけだった。それが、一九九八年に、JR東日本とナショナル自転車工業が、折り畳み自転車「トレンクル」を共同開発し、列車への持ち込みを無料にしたところ、翌九九年一月からは、全国のJRと私鉄でも無料化され、一挙にブームに火がついたのである。

そのブームに目を付けて登場して話題になっているのが、「サイクルトレイン」だ。これは自転車を折り畳む必要がなく、どのタイプの自転車でもそのまま列車内に乗せられるというもの。二〇一〇年に向けた地球温暖化対策推進大綱の「車両スペースの余裕を活用した鉄道車両内への持込モデル事業」の一環として行なわれているものである。

サイクルトレインを行なっているのは、富士急行（山梨県）、富山地方鉄道の不二越・上滝線、熊本電鉄、三岐鉄道（三重県）、近鉄養老線（三重県）、一畑電鉄（島根県）などの地方鉄道が中心で、JR北海道も夏場に限って石北線など五区間で実施している。

ほとんどは、観光地や旅行シーズンに限って実施しているところが多いが、三岐鉄道の西藤原〜三里間では毎日、終日実施している。一畑電鉄はシーズンに関係なく平日は午前九時から午後四時まで、熊本電鉄は年間を通して午前九時から午後三時半まで全区間で行なっており、通勤・通学時の自転車利用にも役立っている。

また、近鉄養老線のように、各駅を利用して五つのサイクリングコースを設定したり、希望者には区間内駅で地図を配布するというサービスを行なっているところもある。

こうしたサイクルトレインは今後も各地に広がっていく気配を示しているが、その一方でバスを利用したシステムも出始めてきた。

伊豆箱根鉄道では、沼津市内を走る「南北循環線」の運賃を百円に値下げし、いわゆるワンコインバスの運行を開始したが、この八月から自転車二台の搭載を可能にしたバスを導入した。ワンコインバスに自転車の積み込みを可能にしたのは全国でも初めてで、買い物客や観光客の評判となっている。また、ハイウェイバスなどは、会社や車両によっては

COLUMN

無理なところもあるが、床下の荷物スペースに折り畳んだ自転車を積み込められるようだ。

ほかの交通機関ではどうなのだろうか。いまのところ、自転車をそのまま持ち込めるところは少ないが、分解すれば持ち込むことは可能である。

たとえば国内線航空機の場合は、「手荷物の容積制限五〇センチ×六〇センチ×一二〇センチ以内」であれば持ち込みでき、その重量が一五キロ以内ならば無料だ。ただし、航空会社での取り扱い時に破損しても文句は言わない旨の、権利放棄書に署名させられるそうだ。

フェリーの場合も同様に、自転車を分解して荷物として持ち込めば、自転車料金は取られない。しかし、ほとんどのフェリーが自転車料金を設けており、自転車の分解や組立、それを担いでの乗下船を考えれば、そのまま自転車料金を払って乗船した方がよさそうだ。

こうした交通機関を利用するのではなく、宅配便で目的地まで送ってしまうという方法もある。宅急便のヤマト運輸は縦＋横＋高＝一六〇センチ、重さ二五キロ、ペリカン便の日本通運は縦＋横＋高＝一七〇センチ、重さ三〇キロ以内なら可能だ。二六インチ以上の自転車は難しいものの、折り畳み自転車や小型車なら問題ないだろう。宅配便はコンビニなどの取扱店に持ち込んだり、電話で取りに来てもらうこともできるので便利だ。

また、ヤマト運輸では、日本サイクリング協会と提携して、輪行袋に入れたままの自転車を輸送してくれる「サイクリングヤマト便」を運営している。同協会発行のタッグ（六百円）を付ければ、ヤマト便の五〇キロ運賃で運んでもらえるというもの。タッグは一度購入すれば何度でも使用可能だ。

このように自転車を運ぶ方法はいくらでもある。今後もさらに便利なシステムが登場してくるだろう。マイカーに自転車を搭載するための器具も、多彩に販売されている。こうなってくると、何も自宅をサイクリングの出発地にする必要はなくなってくる。

近所から郊外へ、日本一周、
そして世界一周へ——
1台の自転車から始まった
私のサイクリング人生

トルコ、雪山をバックに

アドベンチャー
サイクリスト
井上洋平
さん

少年時代からの夢を追いかけて、自転車で5大陸を走破したアドベンチャーサイクリスト・井上洋平さん。旅の苦労や喜びの数々から、井上さんを自転車冒険旅行へと駆り立てたものを探る。

小さな冒険心が生んだ大きな感動

小学五年生のとき、誕生日プレゼントに両親が買ってくれた一台の自転車が始まりだった。最初はその嬉しさから自宅（東京都中野区）周辺を乗り回していた。その後、目的地（主に都内の美術館や博物館）を定め、日帰りでサイクリングするようになり、徐々に行動範囲も広がっていった。そういう所へ行くのならと両親も許してくれたのである。

ある日のこと、社会科の教科書を見ながら自分はいくつの区を走ったのだろうか……と数えてみた。半数近い区を走ったことに気づき、同時にまだ走っていない区にも行きたい……と思うようになった。小さな冒険心が芽生え始めたのである。

そして小学六年のとき荒川に架かる笹目橋を越え、東京都から埼玉県に入った。当時の私にとっては大冒険だった。埼玉県と大きく書かれた標示板を見たときの感動は、いまでも胸の奥に刻み込まれている。私が後に日本全国、やがて世界へ目を向け、また数多くの国境越えを遂行できたのもそんな感動があったからだと思う。

大変なのは、体力よりも気力の維持

一九八七年六月下旬、多くの友人に見送られ、期待と不安を胸にアラスカへ飛び立った。しかし初日からきつい向かい風の洗礼を受け、二日目は延々と続く上り坂に泣きたくなり、三日目で大自然を前にして早くも自信喪失。大自然の中を走りたい……そう決意してきたものの、アラスカの自然は自分が想像していた以上にでっかいものだった。とくに初めて見る地平線には驚かされた。見晴らしのいい丘の上に立つと、自分が進んでいる一本のアスファルトの道が、深い針葉樹の森に吸い込まれ消えていた。どこまで行けば風景が変わるのだろう……改めて地球の広さを実感させられた。と同時に自分にはそんな力も度胸もないのに、大それた計画すぎたのではないか……と不安になってしまった。

出発前、五年計画、六〇ヵ国訪問、八万キロ走行を目標にしてくると、多くの仲間に約束をして出てきた手前、おいそれと帰国するわけにいかない事情もあった。早くもホームシックに陥ってしまったのである。

こういう旅をしていて一番大変なのは何ですか？　とよく質問を受けた。多くの人は体力じゃないかと思いがちだが、実際は体力なんて何日間か走れば誰でもある程度はつく。大切なのは「明日も走ろう……」という気持ちをいかに持続させるか。結局六年半の長旅になってしまったが、それが一番大変だった。

走ってわかった　アメリカ・ロッキーの交通事情

アメリカのロッキー、シェラネバダ山脈の峠は、日本のような九十九折のカーブのきつい坂道はほとんどない。さすが車社会と言われるだけあって、一定の速度で十分曲がれるくらいの道幅とゆるやかなカーブ、または直線道路となっている。そのせいか、いったい峠は本当にあるのだろうか？　と疑いたくなるほど上り坂は延々と続く。しかも同じ道でPASS（峠）とSUMMIT（頂上）が二ヵ所ある所もあったりした。やっと峠に着いた、と思ってもまだ終わりじゃなかったなんていうケースがよくあった。また、ロッキー山脈では標高二〇〇〇メートル台の峠は、峠とは呼ばないようで、地図には何にも記載されていない所が多い。何も心の準備ができていなくて、突然現れる上り坂ほどきついものはなかった。

「いいか、よく聞けよ！　日本ではこれは峠というものなんだぞ……。ちゃんと地図に記載しておけ、コンチキショー」と腹立たしく思いながらペダルをこいでいた。実際、日本では一〇〇メートルに満たないのに峠と名のついている所がけっこうあるのである。ただダウンヒルで、これほど壮快な思いをさせてくれる国はアメリカしかないだろう。道幅が広く、路面状態も良いので思いきり飛ばせるのだ。ネバダ州では下り坂で時速一〇〇キロを越えたこともあった。

アメリカの多くの国立公園を走って、ふと疑問に思ったことがあった。なぜ日本では国立公園の中に自動車専用道路が存在し、自転車を締め出しているのだろうか？　ということだ。逆にアメリカでは、排気ガスを出す車両を締め出している。日本でもよく知られているヨセミテやグランドキャニオンも交通規制が敷かれ、自転車は園内を自由気ままに走ることができた。全世界どこを探しても、自然保護を目的として制定された国立公園内において、自動車専用道が存在している国は日本のみである。なんとも情けない話だ。

自信過剰が、より困難なルートへと…

南米大陸には、アンデスが南北に縦断している。峠越えの好きな私は、なるべく景色のよさそうなルートを選びながら南下していった。いくつか標高四〇〇〇メートルを超す峠を越えたとき、この旅への手ごたえを感じた。アラスカで感じていた体力的、精神的に無理じゃないかといった不安は完全に消え、事故にさえ遭わなければ必ず世界中を自転車で回れるという自信がついた。しかし、それは自信過剰にもなり、より困難なルートへと私を駆り立てていった。

南米を縦断して世界最南端（南緯五五度）の町といわれるアルゼンチンのウスアイアに到着した後、コースを変更して、またアンデス越えに挑戦した。チリのガイドブックに、その峠はチリでもっとも神秘的で美しい風景が広がっていると書かれていた。世界広しといえども一ヵ国で砂漠から氷河まであらゆる大自然を見せてくれる国は少ない。おそらくアメリカとチリだけであろう。そのチリで一番美しいと聞けば、行かないわけにはいかなかった。しかし必ず４ＷＤの車で、二台以上で行くこと——と注意書きが添えてあった。その記事を見落としたわけではなかった。なんとかなる……と思った。

飛行機とバスを乗り継いで、チリの首都サンチャゴに戻り、そこからは自転車で麓のコピアポという町まで走った。地元の警察や観光案内所の人に尋ねても、誰一人自転車で行くことに賛成してくれる人はいなかった。いままで自転車で越えた人はいないと言う。そういう話を聞くと余計に奮い立ち、自分のはやる気持ちを抑えることはできなかった。

今回、選んだルートは標高四七〇〇メートルくらいのアルゼンチンへ抜ける道、国境付近には火山の中で世界最高峰の、オッホデルサラードという六八〇〇メートルくらいの山がある。

アフリカ、喜望峰で。
自転車で行くという少年時代の夢がかなった

一週間分の食料を積み込み、荒涼としたアンデスの奥へ進んだ。本当に大丈夫なのだろうか？　不安が何度も脳裏をよぎる。この辺は砂漠化しているため、草木が生えていない。それがなおさら不気味さを漂わせていた。本格的な上り坂が始まると路面状態の悪さに苦戦を強いられる。なるほど４ＷＤの車で行くことの意味がようやくわかった。いままで越えてきたアンデスとは比べものにならないくらいここはハードだ。何度も辞めて引き返そうと思った。しかし、前進することが勇気だと思っていたのかもしれない。引き返す機会はいくらでもあったが、結局できなかった。

アンデスでの出来事は、大きな教訓

走り出して三日目で、四〇〇〇メートルを越えた。しかし、峠はまだまだ先である。頭痛がかなりひどくなってきたが、撤退という選択はしなかった。もう少し頑張れば楽になるはず——そう考えた。標高四〇〇〇メートルを越えると酸素不足で足に力が入らなくなり、上り坂ではペダルをこぐことはできなくなる。だからずっと自転車を押して進むしかない。押すといっても急な上り坂のため、引きずり上げている感じだ。渾身の力を込めて自転車を引き上げると、心臓が破裂しそうなくらいの激しい鼓動で、ついついうずくまってしまう。あまりにも苦しいので荷物を外して、別々に運んでみたり、この急坂がどこまで続くのか歩いて偵察も試みた。が、体力を余計に消耗しただけにすぎなかった。実際、引き返そうかと思い、後ろを振り返って見た。砂深い道に、自転車の轍と奮闘した様子がわかる足跡がくっきりと伸びていた。それを見ると引き返すことはできなかった。

夕方になっても朝から五キロしか進んでいない。そんなとき、遠くの方から砂埃を上げながら走ってくる車を発見した。あの車に助けてもらおう……。それしか方法はないと思った。今日、初めて出会う車だ。そしてジープに無理やり自転車と荷物を乗せてもらい、国境のサンフランシスコ峠付近まで行った。

完全に敗北であった。しかし、それだけでは済まされない事態が起こった。国境付近には税関と山小屋があり、とりあえずそこで静養させてもらっていたが、翌日、平衡感覚を失ったのか、何かに掴まっていないと歩けなくなった。呼吸すると肺からカサッ、カサッと音が聞こえるようにもなった。これはただ事ではない……が、これも高山病の症状の一つ、判断力の低下から寝ていれば治るものと思い込んでしまった。そして記憶が途切れた。目が覚めると、大勢の男たちに囲まれていた。ここはどこだ！　一瞬、拉致されたのかと思った。体中をバンドで縛られ、身動きできない。暴れる私に、大丈夫だから落ち着け、落ち着くのだ……となだめてくる。どうやら近くの鉱山の医務室に運ばれたようだ。酸素マスクをつけられ、点滴、右腕には何本かの注射を打たれた後が残っていた。時計を見ると深夜十二時を回っていた。

アフリカの村でのキャンプ

八時間くらい意識がなかっただろ

うか。そのまま救急車で麓の町コピアポの病院に入院することになった。後でわかったことだが、高山病に加え、気管支炎を併発していたらしい。退院後もコピアポの方々に大変お世話になりっぱなしで、入院費などはチリ政府がもってくれたそうだ。峠に置き去りとなっていた自転車と荷物は、数日後わざわざ取りに行ってくれた人がいた。地獄から生還した。もし、あのとき車が来なかったら、いまごろどうなっていたかわからない。鉱山の医務室が近くになかったら？　意識が回復しなかったら？　本当に運が良かったと感じずにはいられなかった。しかし、すべてがうまく運んだわけではなかった。山小屋にいた誰かに金品をごっそり盗まれていた。ひどくショックを受けたが、生還できただけでも良かったと思うように気持ちを切り替えた。

　そして何よりも肝に銘じたのは、進むだけが勇気ではない、いさぎよく撤退することも勇気の一つであることだ。身勝手な行動で多くの方に迷惑をかけてしまった。その後続いた南米、アジア、欧州、アフリカではより慎重に行動するようになった。無事、帰国できたのもアンデスでの出来事が大きな教訓となったからであろう。

　一九九三年十二月、約十三万キロを走破して東京にゴールした。

自転車だからこそ体感できること

　自転車旅行の魅力の一つは出会いがたくさんあることだ。ツーリングの場合、走行速度はだいたい時速二〇キロ、このスピードがちょうど良い。どこからか香ばしい匂いが漂ってくれば、すぐに止まれて、その国、土地ならではの味に出会える。いろんな人から声をかけられ、またそこで出会いが生まれる。静かに走っているため、野生動物との思わぬ遭遇もあったりする。

　自転車の旅は、点と点をつなぐ線の旅である。バスや電車を使えば、ボーッとしていても目的地に着けるが、自転車はペダルをこがないと進んでくれない。その線の旅の間にいろいろな出会い、ハプニングが生まれるから楽しいのだ。人間の五感、見る、聞く、におう、味わう、触れる、それらを体感できるのは自転車だからこそである。

　世界には一八〇ヵ国以上ある。しかし、自転車世界一周が経済的に可能で、冒険旅行を思いつき、かつ実行できる国はほんの一握りしかない。親しくさせてもらった多くの家庭で、

「あなたは日本に生まれて幸せだね。自由にいろんな国に行けて……。私の国のパスポートでは、隣国にしか行けないのよ」

いまでも忘れられない心に重くのしかかることばだ。開発途上国を旅していると、私のやっていることをすごく応援してくれる人が多い。先進国と言われている国よりも、ずっと人情が厚かったように思う。

苦しくとも、その先には新しい何かが待っている

もし、あなた自身の置かれた環境が許されるのなら、ぜひ海外ツーリングを体験してもらいたい。確かに危ないことはあるかもしれない。しかし、一度だけの人生である。やらずに後悔するより、たとえ目的が達成できなかったとしても、もはやそれは後悔でなく、教訓として必ず残る。それを次に生かせばいい。走りながら一つ学んだことがある。苦しい上り坂も暗いトンネルもいつかは必ず終わる、その先に新しい何かが待っているということだった。

この原稿を書いている時期に、米国で衝撃的なテロ事件が起きた。私はニューヨークには五回ほど立ち寄り、長期滞在中は資金稼ぎのアルバイトもした。アラスカからスタートした旅で、最初の北米大陸横断のゴールはニューヨークの自由の女神だった。アラスカから約一万キロ、地平線の彼方からワールドトレードセンターがうっすらと浮かび上がってきたときの感動が思い出された。

マンハッタン島に通じる道路は高速道路しかなく、脇を猛烈なスピードで追い抜いて行く自動車を横目に無我夢中で走った。ハドソン川のほとりにたどり着き、マンハッタンはすぐ目の前となったが、この先はトンネルのため自転車は通行できない。こっそり料金所通過を試みたが、一人の警察官に見つかってしまった。私は必死でアラスカから走ってきて、ゴールはそこなのだと、そびえ立つワールドトレードセンターを指差し、

「ゴールはそこなのだ、どうか見逃してくれ」

と、つたない英語で頼み込んだ。その熱意が伝わったのか、

「もうすぐ勤務交代だから、ワゴン車で送ってあげるよ」

その三十代半ばの警察官は言ってくれたのである。私は警察車両でマンハッタン島に到着した。トンネルの出口には、あらかじめ連絡しておいた兄貴（当時ニューヨーク在住で、六年ぶりの再会）が待っていてくれた。そして彼は、そのまま摩天楼の町へ消えていった。今回の事件で多くの警察官も犠牲になった。ふと、あの気さくな警察官のことを思い出さずにはいられなかった。

【井上洋平 いのうえ・ようへい】
1965年東京都出身。日本アドベンチャーサイクリストクラブ会員。20歳で日本一周を達成。21歳のとき世界一周へ旅立ち、93年12月帰国。95年中央公論社の中公新書から『自転車五大陸走破』を出版。

COLUMN

サイクルパークへ行ってみよう！

――本格派もファミリーも満足できる

自然のなかでユニークな自転車に乗り、自転車の楽しさ、面白さが実感できる――そんな自転車をテーマにした公園を紹介しよう。

伊豆・修善寺の「サイクル・スポーツセンター」は、本格派のスポーツコースから、サイクリングをモチーフにしたユニークなアトラクションまで、多彩な遊びのアイテムがそろった自転車と自然の王国だ。サイクルコースター、サイクルゴーランドなど、すべて自分でペダルをこいで動かすものばかり。マウンテンバイク本格派は、心臓破りの坂もある五キロサーキットにチャレンジできる。ファミリーには比較的フラットな二キロサーキットがおすすめ。室内温泉プールや露天風呂もあり、自転車フリークから家族まで楽しめる。

上越新幹線の上毛高原駅近くにある「群馬サイクルスポーツセンター」も同様に、自転車をテーマにしたさまざまな乗り物やアトラクションが楽しめる。六キロの本格サーキットをはじめ、変わり種自転車広場、スポーツバギー、ファミリーカート、スキッドレーシングなど、動力はすべて人力だ。ここでは、森林浴しながらのバーベキューもおすすめだ。

一方、大阪府河内長野市にあるサイクルスポーツ公園は、スポーツエリア、レクリエーションエリア、わんぱくエリアの三エリアに分かれ、いずれも自転車と健康をテーマに楽しく遊べる。本格的な自転車競技が体験できるサイクルスタジアムや三キロのサイクリングコースのほか、自転車で空を飛んでいるようなスカイサイクル、ペダルをこいで高さ十五メートルまで上がるロッキングサイクルやサイクルパラシュートなど、迫力満点の乗り物が多彩に用意されている。

ちょっと変わったところでは、大阪府堺市にある「自転車博物館サイクルセンター」が面白い。ここは自転車の仕組みや歴史などをわかりやすく展示した自転車博物館。隣接している大仙公園を挟んだ向かいに、さまざまな自転車が体験できる自転車ひろばがあり、楽しみながら自然と自転車を勉強できるのが特徴だ。とくに自転車ひろばでは、十九世紀のクラシック自転車のレプリカに実際に乗って走ることができる。世界最古の自転車と言われるドライジーネや、初のペダル式自転車、前輪が巨大なオーディナリー、英国で発明されたコベントリ型三輪車など、いずれも自転車の歴史に輝かしい功績を残した名車ばかり。こんな体験ができるのは、日本でもここだけ。

子連れ、妻連れ 豪州自転車縦断 大冒険

冒険家
九里徳泰
さん

これまでに、世界各地を自転車で冒険してきた冒険家が、初めて家族を連れて自転車冒険旅行に出た。大自然の中を幼子を連れて走る旅は、親として、日に日に成長するわが子を見つめる旅であった——。

自分の力で進む自転車のスピードがちょうどいい

これまで自転車で世界八十ヵ国、十万キロ以上を旅してきたので、「どうして自転車なんですか?」とよく聞かれるけれども、答えがうまく見つからない。

普通、小学校中学年くらいで自転車というどこでもマシーン、自由な移動手段を手に入れた子どもは、高校生になるとさらにスピードの出るオートバイ、そして四輪のクルマへと、自分ひとりの移動手段が高速化の方向をたどる。

そんな走り屋たちは、三十歳を過ぎ子どもができると、急に家族全員が快適に乗れる、はやりのワンボックスカーへと移行し、そのスピードへの追求はスローダウンする。

僕はというと、幼稚園で血まみれになりながら習得した自転車走行技術を三十年以上も大切に、小出しに使っている。でも、僕はオートバイや自動車では旅に出ない。昨今ブームの頑固なエコロジストというわけではまったくない。どうもそのスピードが苦手なのだ。これは僕の生物学的な体質の問題だからしかたない。速すぎるのである。

のんびり、ゆっくり、気ままに、風や花のかおりや虫の音を感じながら移動することのできる自転車が好きなのだ。それと、体を使って筋肉に力を入れ、汗を吹き出しながら前進しているというリアル感も、ことのほか気持ちいい。

自転車で旅をすると、スピードが時速一五~二〇キロなので、その道路の具合いとか、家並みとか、森の感じとか、よく記憶している。そして、立ち止まっていると、これまたよく人に話しかけられる。いろんな意味で、ひとつのコミュニケーション・ツールだな、なんて思ったりもしている。

こんな旦那がいる家だから、昨年の家族旅行ももちろん、自転車で旅をした。

家族の心にしっかり残る旅をしよう

「舜(息子、三歳)に、私の第二の故郷を見せたいのよね」

という妻の何げないことばからその旅はスタートした。妻はオーストラリアの大学を卒業して、就職したいきさつがある。向こうには友人もたくさんいる。十年来オーストラリアには戻っていないので、そろそろ行きたいし、そういえばオリンピックだ、というきっかけもあった。

せっかくやるんだったら家族三人の心にしっかり残ることをしよう、ということで三〇〇〇キロのオーストラリア縦断にした。ルートは北のダーウィンから内陸砂漠を通りエアーズロックへ。そこから南下してアデレード、さらに、東海岸に行き、シドニーをゴールとする。もちろん、ゴールはオリンピック開幕の日、九月十五日にした。

これだけの大冒険をすれば、息子も三歳だからといって忘れはしないだろう。このコースを走るためには二ヵ月は必要だった。七月中旬、二台の自転車とともに日本をたった。

その旅の断片をお伝えしよう。

自転車の旅は、家族の〝夢〟の始まり

二〇〇〇年七月十九日。オーストラリアの北のはずれ、ノースウエストテリトリーの州都ダーウィン。夜になっても気温が三〇度から下がらない、熱帯夜が続いていた。

「パパ、これから動物園行くの？」

三歳二ヵ月になる息子の舜が、いつにもなくまじめな顔で聞いてきた。

「そうだね、カンガルーさんも、エミュさんも、ラクダさんもいるよ」

僕は日本から何十回となく発してきた同じ答えをした。

「ふーん、そうか。はやくカンガルーさんにあいたいな」

そう言うと、またおもちゃの車で遊び始めた。

その傍らで妻の美砂は、これからの旅に備えて食料や装備点検に没頭している。

僕と美砂、そして三歳の舜の我ら家族三人は、オーストラリア大陸自転車縦断の旅に出る。それは、僕たち家族の〝夢〟の旅の始まりでもあった。

「オーストラリアの無人のアウトバックを自転車に乗り家族三人でキャンプしながら三〇〇〇キロ縦断走破する。ゴールはオリンピックの開会式の日、会場で」

この夢には、僕なりのたくさんの思いが込められている。

一つは、オーストラリアの大地を舜が自分の頬で風を切って走り、リアルな自然に触れ原体験としての自然感を持つことだ。それにはクルマではなく自転車を使い、「人の力」という地に足がついた旅をすることで、それはさらにリアルに迫ってくるだろう。子どもを持ったときから、僕はお金や学歴なんかより、こんな底力のある原体験が、唯一我が子へ贈れるものだと思っていた。

それにもまして、家族で旅をするということ自体、僕の冒険への挑戦に火がついた。おそらくこのチャンスを逃がすと、自分の人生の中で二度と同じことはできないだろう。

バスケットに入れて子どもを運ぶ……

第一の目標は、オーストラリアの〝へそ〟と言われているエアーズロックまで約一五〇〇キロを、家族で元気

にたどり着くこと。

ダーウィン郊外を抜けると、すぐに民家はなくなり、赤茶色い大地と、薄緑色の葉のユーカリの木の森が続いた。冬というのに気温は三〇度を超えて暑い。おまけに風は向かい風で、ペダルをこぐ足は重い。

「パパー、しゅんくんはやくカンガルーさんにあいたいなー」

とそんな僕の初日の不安を気にすることもなく、こいつは元気である。

そのうち舜は妻のハンドルの中の、小さなバスケットの中で寝てしまった。そこで、舜を僕の引っ張るトレーラーに移した。

息子をどう運ぶかが大きなポイントだった。以前カナダで購入した、自転車で引っ張ることができるベイビーキャリー・トレーラーは睡眠時に使えそうだ。それと、日中は普段から妻が乗っている、子どもを運びやすいように設計された、丸石自転車「ふらつかーず」だ。この自転車は、ハンドルの真ん中に子どもが座るバスケットを置き、前輪の中心軸に子どもの重心がくるように設計されていて、走行も安定してまさにふらつきがない。何よりシートが子ども専用に設計されているので、長時間座っていても快適なはずだ。

初日の晩は、ガソリンスタンド裏の広大な原野にテントを張った。地平線に夕日が真っ赤に大地を染め落ちてゆく。

テントを張ろうとすると、舜が、

「パパお手伝いするね」

と言って、三メートルもあるテントポールを握った。妻も手伝って、一分もしないでテントは完成。妻は食事の用意、僕は自転車のチェックに記録整理、明日の行動計画と分業。舜はテントの中で一人、お気に入りの自動車のおもちゃで遊んでいる。三十分後には、チキンにスープにご飯という簡単な食事ができて「いただきます」となった。

僕にとって初体験のこの瞬間は、とても違和感があった。これまで十年以上、冒険家としてテント生活をしてきたが、それと同じ環境に子どもと奥さんがいるのだ。

舜は元気にご飯をほおばりながら、

「しゅんくん、キャンプ好きなんだよね」

と楽しげに話してきた。自分の子どもをほめても仕方ないが、こいつは大した奴だと感心した。この厳しい環境を楽しめるとは……。

無邪気な息子に心も体も救われる

走り出して三日目。夕刻の六時半に、キャンプ予定地のブリッジクリークに到着した。乾期なのでクリークには水はない。本日の走行距離一〇七キロ。

たいていこのような休憩所にはひ

さしとベンチ、テーブルがあり、たまに水のタンクがあるのだが、ときどき水がないところもあるので、七リットルもの水がトレーラーに積んである。だから僕たちはヘトヘトに疲れているのだが、舜は自転車を下りるなり走り回る。舜はバスケットやトレーラーに座っているだけで、何も運動していないからだ。

　夜になり、漆黒の闇に南十字星が光る。舜に星座を教える。ふんふんと聞いているが、まだあまりよく理解できないのだろう。星があるところが宇宙だ、ということを教えたら、星よりも宇宙のことが気になったようだ。

「しゅんくんは、大きくなったらパパとママを宇宙につれて行くね！」

息子はたいへんなことを言い出した。

　五日目。砂漠の暑さは過酷だった。

「もぅー、暑くてやってられない」と叫びたくなるくらい、オーストラリアの内陸は灼熱地獄だった。

　連日摂氏四三度を超える気温の中で、自転車は何度もパンクした。原因は、砂漠に生えている灌木のトゲである。一日に三度もパンク。それに追い打ちをかけるように、アウトバック名物のハエが僕らを襲う。このハエは刺したりはしないが、顔や腕に、とにかくまとわりついて不快だ。

　無人の荒野でパンク修理する僕のことを、息子はじっと見ていた。声をかけるわけでもなく、ひたすら作業を見つめていた。

「パパ、すっごいな～」という修理が終わったときの息子の一言で、暑さも少しやわらぐ。

　この暑さの中で僕が心配だったのは、息子が熱射病になることだ。単なる日焼けとは楽観できない。幼児の場合、ことによると数時間で死亡する。舜はこの暑さの中でも、「暑い」ということは一切口にしなかった。

　ただ、安全のためにかぶっていたヘルメットが蒸れる、という不満をもらしていたので、ヘルメットを脱がせ、バンダナをかぶせて、ボトルに入った水のかけ合いをした。こんな遊びをしながら、水の気化熱で少しでも体を冷やそうという作戦だ。

「ひゃ～、しゅんもかけるぞ～」

　僕らの不安をはた目に、舜は元気いっぱいである。

厳しい環境やハプニングの中で日々成長する

　七日目。一本道なのに僕たちははぐれてしまった。トイレに行った妻が、十分経っても十五分経っても現れない。先に行ってしまったのだと思い、僕は体重一六キロの眠っている息子を乗せたトレーラーを引いたまま激走した。

「ママー、ママはどこ？　ママはどこ？」

　眠りから覚めた舜が、トレーラーの中で泣き叫んでいる。

「ママは先にいるから、ね」

と説明しても、わんわん泣いて泣きやまない息子。僕も不安で泣きそうだ。もしかしたら、交通事故に遭ったのか？　そんな不安すら頭に思い浮かぶ。不安いっぱいの息子はおしっこをもらしてしまい、トレーラーからこぼれた滴が道路に点々とつく始末……。

地図のミスで、町はさらに十キロ遠いことがわかり、僕はもう競輪選手のようにもがきながら、自転車を速く走らせ町にゴールした。行く場所は警察である。そこで、車を出してもらって北に四〇キロ戻ってもらおう。そう考えていたら、向こうから妻がやって来た。

「何してたの、心配した……」

と僕はことばを詰まらせていた。

息子と妻と三人で抱き合って、再会を喜んだ。下半身を不本意にもぬらしてしまった息子には、お詫びとして念願のアイスクリームをプレゼントした。

その晩はキャラバンパークというキャンプ場にテントを張り、舜といつものようにプールで飛び込みをして、クールダウンした。

「しゅんくん、きょうはさびしかったな」

とぽつりと話す息子に悪いことをしたな、と反省した。

息子はこの一週間足らずの旅で、一回り大きくなった感じがした。それは、よく食べ、よく眠るということからの肉体の発達もあるが、心の発育でもそのように思えた。


「豪州縦断は大いなる家族旅行でした」

とにかく何でも一人前でないと許せないのだ。食事も自分の皿と大人並の料理一人前を欲しがるし、僕らが使っているヘッドランプも自分にないと不満だ。テントも自分で張りたいし、カメラも自分一人で撮影したい。三《み》つ児《ご》の魂……ということわざがあるが、すでに自分を理解して行動する、という自我の確立への道筋ができてきているのだろうな、ということが手に取るようにわかった。自我の確立とはまさに、親の手を離れて自分で生きてゆくということであろう。
たわいもないことだけれども、舜は彼にとってのひとつの偉業をこの旅で達成した。それは、〝立ち小便〟だ。
最近の子どもは、母親の影響もあるのだが、洋式便器に座って小便をする子が多い。舜もそうだった。しかし、オーストラリアのアウトバックには便器などない。で、舜は僕がどのように用を足しているか観察していた。あるとき、見よう見まねで小便を勢いよく赤土に飛ばすことができた。これまでは母親に抱えてもらい、かがんで用を足していたのだ。

子どもは環境によりオートマチックにどんどん変わるものだ、と感心すると同時に、僕のすべての行動を見られていると思うと、変なことはできないなと思った。

大自然を自分の力で体験

八月三日、ドゥンマラという小さな町に着いた。いつものようにガソリンスタンドにキャンプ場、レストランという場所だ。我々にはオアシスのような場所だ。

灼熱の日中から比べると、夕刻は涼しくなり過ごしやすい。舜は到着すると、いつものように広い原野を一人で気がすむまで走り回った。とりあえず気になるものは観察して触り、穴があるとのぞき込み、動いているものがあると、怖くなって飛んでテントまで帰ってきた。

「舜、楽しい？」

と改めて聞くと、

「うん、しゅんくんキャンプすき！」

と即座に返事が返ってくる。

実際、日本にいるときよりも、あれするな、これするな、とはあまり言われないので、のびのびとできて、子どもにとってはいいのかもしれない。

八月六日、テナントクリークを出て、悪魔の岩石群デビルズマーブルズを通過した。舜はこの岩山の上に登りたいと言い、自力で登頂した。小さな山だったが、息子にとっては初めて自分の意志で、自分が見つけた山を、自分の力で登った、ということは大きな出来事だったはずだ。

が、このことがこの後、とんでもない事態につながるのだ。

翌日は久しぶりの追い風に押されて小さな町に着いた。

ここで舜には大きな出会いがあった。カンガルーのトムに会えたことである。トムはアウトバックで怪我していたところを見つけられ、キャンプ場隣の保護柵の中で治療中だ。キャンプ場の主人が〝トム〟と名付けたそうだ。息子がパンの耳を片手に「トム〜」と呼ぶと、飛びながらやって来てパンにかじりつく。これが面白くて何度も餌をやっていた。

アウトバックの動物はみな野生の夜行性で、実際自転車で走っていても、見つけることはとても難しい。

八月二十日午後六時、日没のころ、われわれ家族三人は、ウルル（エアーズロック）の前に自転車とともに立っていた。赤く燃えるウルルの岩肌が迫る。

「パパ、ママやったね！」

と舜が抱きついてきた。

ダーウィンから二〇〇〇キロ、ついに砂漠を走破して、ここまでやって来た——。

冒険家である父の仕事に、二十四時間家族をつき合わせるという無謀な計画にのってきた家族に感謝した。この旅は冒険でありながら、大いなる家族旅行だと僕たち夫婦はいまでも考えている。きっかけは「私の第二の故郷オーストラリアを見せたいのよね」という妻の台所でのつぶやきからだった。しかし、これだけでは旅は終わらなかった。

ウルルを自分の目で見て、「登りたい」と舜は決意していたのだ。その晩は近くのキャンプ場にテントを張り、翌朝、改めてウルルの登山口に出向いた。僕だけ登り、舜はママとお留守番の予定だった。

「しゅん、のぼる！」

と言い出した。

途中まで連れて行ったが、どうやら本気だ。しかたがない。僕は手持ちのザイルを工面して、息子の胴と僕の胴を結んだ。急斜面は大きなザックに入れて背負った。

まるで猿回しの猿のようになった舜は、元気よく赤い岩を登り始めた。核心部の鎖場は背負い、それが終わったら僕と一緒に歩いて、頂上を目指した。

一時間半後、頂上が見えた。

「やったー！」

舜が叫ぶ。

オーストラリアの砂漠が三六〇度見渡すことができた。舜は、

「なんだかひこうきからみているようだね」

と感想を語った。

●

旅はまだまだ続いた。

アリススプリングスまでクルマに自転車を積んで戻り、汽車でアデレードへ。妻の友人の子どもたちと夜中まで遊んだせいで高熱を出した舜だが、コアラを触って上機嫌。その後、バスで二十四時間、アデレードからブリスベンの旅。ブリスベンからシドニーまでの一〇〇〇キロを自転車で走り、ママが学生時代を過ごしたシドニーの街へ滑り込んだ。舜は、

「やったね！」

とまた叫んだ。

九月十二日のことである。そこで僕たちのオーストラリア縦断三〇〇〇キロに及ぶ自転車の旅は無事終了した。オリンピックの開会式は三日後だった——。

【九里徳泰　くのり・のりやす】
1965年神奈川県生まれ。冒険家。中央大学研究開発機構専任研究員・助教授。チベット、ブータンなどを自転車で縦断。89年から7年がかりで自転車とカヌーでアメリカ大陸地球縦断を達成した。主著に『人力地球縦断　中南米編』『冒険王への100の戦術』（山と渓谷社）『九里徳泰の冒険人類学』（角川書店）など著書多数。
http://www.kunori.net

子どもを乗せても安全な走行を!!

補助イスつきママチャリの安全な乗り方

ママチャリに補助イスを取りつけて幼児を乗せ、買い物や幼稚園の送迎などに奔走するお母さんたちの姿は、いまや当たり前の風景だ。前カゴに買い物袋を積み込んで、後ろに幼児を乗せて走る姿は見ていて危なっかしい。実際に、転倒事故や接触事故を見かけることも少なくない。運転する大人はまだしも、逃げようのない幼児には大けがにつながる。

そんな状況に危機感を抱いた主婦たちのグループが、自転車補助イスに関する調査を行ない、適切な利用法や製品の選び方などを冊子にまとめ、安全な利用を呼びかけている。消費生活アドバイザーの資格を持つ母親たちの集まり「子育てグッズ研究会」である。メンバーは各自でテーマを持ち、育児に関するさまざまな市販グッズを研究・検証し、利用法の助言やメーカーに製品改良を提言している。自転車補助イスの調査研究は、薮田朋子さんと飯倉和代さんの二人が立ち上げた。きっかけは、自らの事故体験だった。

自転車に補助イスをつけて子ども乗せることは、都道府県の条例で認められている（年齢制限など条件多様）。基本的には六歳未満の幼児の同乗は一人まで。おんぶひもなどで一人を運転者に固定すれば、補助イスと合わせて幼児二人まで同乗を可とする自治体もあるが、前後に補助イスをつけて二人を乗せていい都道府県はない。

「もちろん、二人乗りをしないことが一番良いのです。私たちの研究活動に対しても、そういうご指摘の声があります。しかし、現実に自転車補助イスがこれだけ普及して、利用されている状況では、まず安全な利用法と製品の選び方をアドバイスすることが先決だと考えました」と薮田さんは語る。アンケート調査や研究などの結果、事故の八割が転倒で、負傷した子どもの七割が頭か顔にケガをしていることもわかった。補助イスの利用法と同時に、自転車の「乗り方」、「乗せ方」の知識や情報を、もっと保護者に知ってもらいたいと感じた。そこでまとめたのが、リーフレット「子供を乗せても安全に！ママチャリの安全な乗り方」だ（入手方法は文末）。

まず大切なのは自転車の選び方。サドルにまたがって両足が地面にしっかりとつくこと、前輪（ハンドル）ロックと幅広スタンドがついているもの、フレームや荷台の強度が十分なものを選ぶ。「乗り方」、「乗せ方」では、動きやすい服装で乗る、子どもには必ずヘルメットを着用させる、乗車前に補助イスの取りつけ具合を確認する、乗せ降ろしの際にはハンドルとスタンドをロックする、子どもは最後に乗せて最初に降ろ

COLUMN

す、子どもの乗車時は絶対にハンドルを離さない、ことが基本だ。

「ヘルメットはぜひ着用させて下さい。アニメキャラクターをデザインしたものが玩具店などで売られていますが、付属の突起物でケガをすることもあるので、概観の丸いものがいいでしょう。ＳＧマーク（製品安全協会の基準合格）の有無が購入時の目安ですね」と薮田さん。

補助イスの選び方だが、いまは大きく分けて、前乗せ用、後ろ乗せ用、前カゴ部分が補助イスになっている自転車一体型の三種類がある。前二つは三千円から五千円、一体型自転車は三万円から五万円だ。

「何歳の子どもをいつまで乗せるのか、使用目的は、使用頻度はどうか、予算は、といった要素で選びます。たとえば二歳以下の幼児を頻繁に乗せるのなら、一体型自転車も候補になりますが、私自身は、出会い頭の事故などを考えて、子どもに手が届く前乗せ用を使用しました」

もちろんＳＧマークのついた補助イスを選ぶことが必要だが、自転車店選びも重要だ。アフターケアの整ったＴＳマーク（自転車安全整備の基準適合マーク）をつけてくれる自転車店で、補助イスだけでなく、自転車を整備してもらうことも大切。

「購入時には必ず子どもを同伴し、その場で取りつけて乗せてみてください。座面の大きさ、安全ベルトの長さは十分かを確認する、とくに、足が後輪に巻き込まれないようにガードがついているか、足置きの高さは適切かといった点は重要です」と熱弁する。

「駐輪場に停めにくいなど、補助イスつきのママチャリは交通社会の鬼っ子かもしれません。乗る側のマナーや意識向上も必要です。しかし自転車の走りやすい街づくりが、より大切なことではないでしょうか」

薮田さんたちは、産婦人科などで行なわれる妊婦の講習会に「補助イスつき自転車の乗り方」講習を取り入れるよう働きかけたいという。子どもたちの多くがママチャリの補助イスで自転車初体験をする今日。保護者が正しく乗ることで、子どもたちが自然にルールと楽しさを学べば、自転車環境の向上につながる。

【子育てグッズ研究会】一九九四年発足。会員数は二十六名（二〇〇一年七月現在）。研究成果は会報、ＨＰなどで公開している。リーフレット（大人用Ａ５版８ページ／子供用Ａ４版２ページ）は、二セット百二十円、十セット三百円で入手可。問い合わせはＦＡＸで、同研究会・薮田朋子０４５（３６１）０４０８まで。なお近々、会名称を変更予定。
http://www.e-baby.co.jp/circle/kosodate/

自転車の楽しみを多くの人に伝えたい…

ロードレース
元全日本チャンピオン・
MTB世界選手権7年連続日本代表
中込由香里
さん

自分のために自転車に乗り続けていたい——。日本の自転車競技で長年トップとして活躍し、世界のトップを目指してきた女性ライダーが綴る、自転車への熱い思い。

自転車との出会いは遅かった

大学二年生の夏、近くのディスカウントショップでママチャリを購入した。その自転車が気に入って、そのままどこかに行ってしまいたくなった。風を切って海岸まで出て、海岸沿いを快適に飛ばす。あそこの島まで行ってみよう。往復約四〇キロの、江ノ島までの自転車一人旅だった。

自分の力で風を切って遠くまで行ける――。その心地よい感覚がたまらなくて、今度はもっと遠くまで行ってみたくなった。今度はどこにしよう。近辺の地図を買ってきて、ワクワクしながら計画を立てる。やっぱり島がいいかな。もう少し遠くの、ことここに寄って。おにぎり持って、暗いうちに出発。丸一日かけた約一二〇キロの城ケ島一人旅だ。真っ青な海と緑の山。とんびがピーヒヨロ鳴いていて、私のほかには誰もいない。自分の力で走って来て、この景色を一人占め。車や電車から見るのとは全然違った景色に映った。

ある日、知り合いの紹介で、自転車部の人からロードレーサーを貸してもらった。乗り方もよくわからないけど、とにかくママチャリとは全然違う。めちゃめちゃ軽いし、めちゃめちゃ進む。ギアが変わることすら知らず、同じ回転数で走っているママチャリより自分のほうが早く進むのは、こっちのほうが高級な自転車だからなんだと思っていた。そのうちレースを走ってみないかと誘われるようにもなったが、レースなんて恐いし、とんでもない。自分の世界とはかけ離れたことにしか思えず、「絶対いやだ」と断っていた。

自転車競技一筋の十五年間

あるとき知人に誘われて、自転車のインカレを観戦した。一二パーセントの上り坂を必死に登っている選手の姿に心を動かされ、次第に私もレースをやってみたいと思うようになった。それからは自転車の乗り方も、サイクリングからスピードを求めるものに変わっていった。

本格的にやってみたい。自転車部に入りたい――。しかしそれはちょっとやっかいな問題だった。

当時所属していたバスケット部は体育会。簡単にはやめられなかったのだ。クラブ活動をしながら自転車のトレーニングも重ね、時間をかけて仲間や先輩を説得し続けた。次は入部の問題。自転車部の競技班に女子が所属した前例がなく、とりあえず春休みが仮入部期間となった。男子に混じってトレーニングができそうなら、新学期から入部させてもらえることになった。春休みまで一ヵ月ぐらいあっただろうか。自転車をやる活動費を稼ぐためのアルバイトをしながら、先輩にみっちりトレーニングにつきあってもらった結果、晴れて入部が認められた。

もともと一つのことを始めたら、とことんやらないと気のすまない性格。自転車競技は私を完全にのめり込ませてしまった。とにかく強くなりたい一心で、そのためにすべてを費やすことが快感だった。自分にプラスになると思えることは何でもやってみたし、それ以外に時間をかけることは億劫だった。

自転車バカになってしまったのかもしれない。が、そこから学んできたことは計りしれない。それらをすべて伝えることは不可能だが、自転車に乗っている人に限らず、少しでも参考になればと思う。

勝てない理由を水の強さに学ぶ

あるオリンピックの開かれた年、

COLUMN なりきって走ろう

人はその気になれば強くなれる……。ある映画のラストシーンに出てくる、私の好きなことばです。人間は不思議なもので、本気になって何かを望めば、それに限りなく近づくことができます。世界レベルの一流スポーツ選手の多くは、イメージトレーニングをトレーニングの中にきちんと位置づけ、積極的に行ないます。きちんとしたイメージトレーニングについては専門書に譲るとして、あなたも世界のトップライダーになりきって走ってみましょう。

まずはイメージ作りから。実際のレースはもちろん、テレビやビデオでレースをよく見ることです。あんなふうに走りたい、あんなふうに勝ちたい……そう、その「あんなふうに」というのがイメージなのです。実際に走っている選手や、両手を上げてゴールに飛び込んでくる選手を、自分に置き換えてみるのもいいでしょう。一流選手の走りには参考になることがたくさんありますが、とりわけ自分と体型の似た選手や、走りのタイプが似た選手からは、多くのことが学べるはずです。そして、そうしたイメージを自分の頭の中のスクリーンに入れてしまいましょう。

次に走りのイメージを持って、イメージと照らし合わせながら、実際に走ってみましょう。ペダリングやフォームはもちろん、走る前に、走るラインや走る姿をイメージしながら走ります。少しでもイメージに近づけるよう頑張りましょう。

（中込由香里）

MTB（マウンテンバイク）の国内選考会が三戦行なわれた。私はその年一番の目標をオリンピック出場に置き、トレーニングも充分にこなして、期待を持って選考会に臨んだ。ところが、第一戦、第二戦と惨敗。目標がほぼ絶望的になっていたそのとき、

今年七月十四・十五日に開催されたMTBのレース2001JCFジャパンシリーズ秋田・田沢湖で、一位～三位をシーナックが独占。中央が中込氏

ある本を夫から手渡された。

櫻木健古という人が書いた『水の強さに学ぶ　勝つ極意』という本だった。私の大きな反省点とは、気負いすぎ、力みすぎ、勝負を意識しすぎることだった。まさに水のような強さがなかったのだ。ここでその一部を紹介しよう。

「水は柔軟の最たるもの。だからこそ、かたい物に対して、最強の力を発揮するのである。木の革のかたいものも、水に浸せば柔らかくなる。水は石にも穴をあけるし、量が多ければ、堅固な堤防をも壊す。激しく動けば巨船ひっくりかえる。柔弱で動きが自由自在だから、このような事が可能なのである」「水は他のどんな形にも、ピッタリと沿うことができる」「強い心で振る太刀は荒い。荒いばかりでは、勝つことは難しい。無理に人を斬ろうとすると、かえって斬れない物である」「不思議なようだが自己強化とは、〝引き算〟なのである。自分の中の要らない物を捨ててゆく。それによって、強くなるのである」

ワールドカップなどを見ていると、一位の選手はもちろん、二位や三位の選手も、手を挙げて観客の声援に応えてゴールしていく。悔しくても、ふてくされてゴールする選手はほとんどいない。大会で入賞して、おめでとうと言われても、優勝できなければ嬉しくないと思っていた私とは違っていた。

大切な何かをつかんだ気持ちになった私は、余計なことは考えず、笑顔で最終戦のスタートラインに立った。そして自分が水になった気持ちで、柔らかく自然や地形に沿って走ることを心掛けた。

結果は優勝。それだけで勝てたとは思わないが、私自身が一歩前進したことは確かだった。残念ながらオリンピック出場は逃したものの、目標に向かって必死になれたこと、い

国内のMTBクロスカントリーレースでは、常にトップクラスの活躍をしている女性ライダー

ままで自分になかった大切なものを学んだことなど、大きな収穫をした選考会だった。

目指してきたもの

自転車競技を始めてから、とにかく強くなりたい一心でやってきた。日本代表、世界大会に強い憧れを抱いていた。

MTBのレースを始めてから、七年連続で世界選手権を走ってきたなかで、初めて出場したドイツでの世界選手権は、私のMTBレース人生の扉を開く大きなきっかけとなった。

それは、それまで体験したことのない感覚だった。

ものすごい数の観客。シングルトラックの上には幾重にも人垣ができ、トップ選手から一周近く遅れをとっている私にさえ、ものすごい声援を送ってくれる。声援というのか、そのものすごい音の中を自分の力を振り絞って走りながら、鳥肌が立つのを感じていた。戦うというよりも、ただただ力一杯走り、その雰囲気に酔いしれた。早くトップ選手と戦えるようになりたいと強く思った。

その目標が達成されたとは言えないけれど、できる限りのことはやってきて、それに近い感触は得られたと感じている。

一度は自転車から降りようとしたけれど……

大きな大会に目標を置き、この大会までは頑張ろう、という節目がこれまで何度もあった。しかし、失敗すれば悔しくてやめられないし、うまくいけばもっと上を目指せると思って、これまたやめられない。ズルズルと長く続けるつもりはなかったが、昨年まで競技をやめようと真剣に考えたことは、一度もなかった。

シドニーオリンピックもひとつの節目だった。翌年には夫婦でペンションを始めることも決まっていたし、それに向けて最善を尽くしていたので、成功しても失敗しても区切りをつけようと思っていた。結局、選考会で敗れ、オリンピックに出場することはできなかった。

シーズンが終了し、本当にこれで終わってしまうのかなあと思いながら、初めてトレーニングのことを考えないオフシーズンを過ごし始めた。しかし、これからペンションをやるのだからと好きな料理の勉強などに励んでも、充実感が得られない。食べたい物を食べて、体を動かさないでいると、すぐにブヨブヨの体になってきて、そんな自分が嫌になってくる。何だか自分自身が輝いていない……。

自転車に乗りたい。無理に自転車に乗らないようにする必要はないじゃん。好きなんだから乗ればいいじゃん。そして再び、自転車に乗った。気持ち良かった。でも衰えた肉体ではあまり楽しく走れない。楽しく遊ぶためにも――、とトレーニングを再開した。

自転車好きにはたまらないペンション

こんな場所があればいいなと思っていた。自転車仲間たちが気軽に集まってワイワイできる場。思いっきりトレーニングできる場。自転車乗りに限らず、いろんなスポーツ選手やアウトドアを楽しむ人々と交流が持てる場。マラソン選手がコロラドで高地トレーニングをするように、日本にもそんな場所があればなお良い。そんな理想的な場所を、夫婦で八ヶ岳山麓野辺山（長野県南佐久郡南牧村）につくった。ペンションの名前は「SY-Nak cabin」だ。

ここは、標高約一四〇〇メートル。晴天率も高く、オンロード、オフロードともにコースはいくらでもあり、まさに自転車パラダイス。自然に恵まれ、四季の変化がとてもはっきりしていて、どの季節もそれぞれの良さが堪能できる。

冬、大雪に見舞われてまったく自転車に乗れなくても、玄関からクロカンスキーをはいて、雪で覆われた畑を自由に走り回ったり、近くの小さな丘にそりを持って繰り出し、頂上からダウンヒルを楽しんでは下から全力疾走で戻るというインターバルトレーニングができる。ひざ上まである雪の中を歩くスノーラッセルだけでも十分なトレーニングだ。ここへ来れば、いままでとは一味違ったオフトレを楽しむことができる。

　自転車が大好きな二人がペンションを始めたわけだから、いずれはチームを作りたいという夢はあった。でもそれはもっと先の話だと考えていた。でもこのままスッパリとレース活動をやめてしまうのも悲しい。いつか、イベントで楽しく走るレースにペンションの名前を付けて走りたい――と考えていたら、一緒に走りたいと言う仲間たちのもと、話はどんどん膨らんでいった。

　まず、自分たちが自転車を真剣に楽しみ、レース活動をメインとしながらも、仲間の輪を広げる活動にも力を入れていくことにした。そしてついに、われわれの活動を応援してくれる心強いスポンサーも現れ、「team SY-Nak SPECIALIZED」が結成されたのだ。チームは女性ライダー四人で構成され、夫が監督を務めている。

自分のために、自転車に乗りたい

　ペンションを始めたら、レース活動は終わりにするつもりだった。でもいまは、レース活動をやめてしまわないで本当に良かったと思っている。

　新しく何かを始めるということは、とても勇気がいるし、大きなエネルギーが必要になる。ペンション経営とレース活動の〝二足の草鞋〟。こんな大変なことやるんじゃなかったと、何度も投げ出したくなったが、いまはとても充実している。

　まず何よりも、自転車に乗れること、トレーニングできることが、嬉しくて仕方ないのだ。真剣に自転車競技をやめようと思って、無理やり自転車から離れようとしていたあのとき、改めて自分は自転車に乗ることが好きなんだと実感した。そして、再びレースを走れる喜び――。

　いままでのように、レース活動中心の生活ではなくなり、トレーニング量も減った。世界を目指そう、という意識はない。ただ、自分自身が輝いていられるように、自分自身への挑戦のために、できるだけ長く続けていきたい。

　ペンションの仕事は予想以上に大変だけど、たくさんの人との出会いがあり、お客さんと一緒にツーリングをするのも楽しみの一つだ。初心者で恐る恐る走っていた女性でも、ほんの少し乗り方のコツを教えてあげるだけで、見違えるくらい走れるようになったり、自転車ってこんなに楽しいんだ、もっと走れるようになりたい、などと言われると、こちらも嬉しい。

　私をこれほどまで夢中にさせてく

れた、そして夢中にさせてくれている自転車の楽しさを、一人でも多くの人に伝えていきたい。強くなりたい、世界を目指したいと思っている人にはペンション「SY-Nak cabin」を大いに活用してもらいたい。そしていつの日か「team SY-Nak SPECIALIZED」から世界で活躍する選手を生み、ペンションにアルカンシェルを飾りたいと夢見ている。

【中込由香里　なかごめ・ゆかり】
1965年生まれ。日本のロードレース、MTB（マウンテンバイク）レースの第一人者として活躍してきたライダー。ロードレースの元全日本チャンピオンで、95～97年には3年連続でMTBの全日本チャンピオンに輝いた。7年連続でMTB世界選手権日本代表に選ばれている。現在は長野県野辺山でペンション「SY-Nak cabin」を経営しながら、「team SY-Nak SPECIALIZED」でレース活動を続けている。

【ペンション「SY-Nak cabin」】
〒384-1304　長野県南佐久郡南牧村野辺山高原
Tel＆Fax 0267-98-4179
http://www.sy-nak.com

COLUMN

α波で良いイメージをインプット

レースのコースを思い浮かべて、うまく走っている自分をイメージしたり、ライバルに競り勝つ自分をイメージしたり、内容はさまざまですが、ひとつ注意してほしい点があります。脳波との関係で、一生懸命に緊張しながらイメージしたのでは、かえって逆効果になることがあるのです。こういうときの脳波はβ波を示し、精神は苛立っている状態です。人が最も物事に集中できているときはα波になります。イメージは、このα波のときにインプットするのが最も効果的なのです。また、どんなときでも、すぐにα波が出せるように練習しておけば、より自分の潜在能力を引き出しやすくなるのです。

SY-Nakでは、α波を測定する装置『GSR—2』の貸し出しも行なっています。これは緊張すると指先に汗をかく微妙な反応を利用した装置で、嘘発見器の原理と同じ物です。

イメージトレーニングは、気分の良いときに、心も体もリラックスして気楽に行ないましょう。（中込由香里）

シルクロード15000キロ
夢の完全走破を目指して
自転車素人たちが行く
壮大なツーリング

1995年、第3次遠征隊は中国の張掖〜敦煌を走った。
甘粛省を走るツール・ド・シルクロードの参加者たち。

普通の人なら二の足を踏む海外自転車旅行。この夢物語を誰もが体験できる方法がある。その運営者が参加者の声を交えて、海外ツーリングの魅力を説く。

「地球と話す会」
事務局長
長澤法隆
さん

シルクロード完全走破のために

中高年の方に夢を訊ねると、「シルクロードを旅すること」と答える人がたくさんいます。パック旅行で出かける人も増えていますが、現実には夢を実現できない人が圧倒的多数を占めています。「時間がないから」という声が、決まり文句でもあるかのように返ってくるのです。

私は、一九九一年にシルクロードの一部である中国の西域南道を徒歩とラクダで旅をしたことがあります。シルクロード一万五千キロのほんの十分の一の距離ですが、約四ヵ月もの時間を費やしました。それでも何とかして、西安からローマまでシルクロードの全行程を旅して、ユーラシア大陸の歴史や交流の足跡に触れてみたかった。そこで思いついたのが、自転車で、何回かに分けて完全走破をするという「ツール・ド・シルクロード二十年計画」でした。

じつは九二年にも、一ヵ月かけて中国の敦煌からチャルクリクという町まで西域南道の一部約八百キロを旅したのですが、その時に仲間たちと「地球と話す会」というサークルを発足させました。シルクロードを舞台にライフワークを楽しもうという人の集まりです。

自転車でシルクロードを旅するアイデアは、このときご一緒した、矢部勤さんと考えたものです。彼は学生時代に自転車で日本一周をした経験を持っていました。なるべく人の力でシルクロード全行程を走破したい、仕事を続けながらでも実現できる方法はないか、そう考えるなかで、この方法は、ごく自然にイメージされていきました。

2001年、カザフスタンからウズベキスタンへ。

自転車旅行の二十年計画

ツール・ド・シルクロードは、西安からローマまでを二十回に分けて走破しようという計画です。一回の旅でだいたい十八日間を予定し、そのうち九日間を自転車での移動に費やし、そのほかの日数で遺跡を巡ったり、現代シルクロードの人々の生活に触れるというものです。十八日×二十回は三百六十日。つまり、延べ一年間の旅となります。もちろん私と矢部さんの二人で実行しようというのではなく、できるだけたくさんの人に参加してもらいたいと思って、

ツール・ド・シルクロード 20年計画

実施年	遠征次数	ルート	距離	参加人数(男性／女性)	年齢
1993	1	西安〜蘭州	約900キロ	17名(10名／7名)	16〜68歳
1994	2	蘭州〜張掖	約500キロ	36名(24名／12名)	14〜65歳
1995	3	張掖〜敦煌	約650キロ	45名(31名／14名)	15〜70歳
1996	4	敦煌〜トルファン	約850キロ	42名(29名／13名)	28〜71歳
1997	5	トルファン〜クチャ	約700キロ	28名(22名／6名)	14〜68歳
1998	6	クチャ〜カシュガル	約750キロ	43名(26名／17名)	26〜69歳
1999	7	カシュガル〜ビシケク	約500キロ	22名(13名／9名)	29〜65歳
2000	8	ビシケク〜タシケント	約700キロ	—	—
2001	9	タシケント〜サマルカンド〜ブラハ	約600キロ	—	—
2002	10	ブラハ〜アシハバード	—	—	—
2003	11	アシハバード〜ゴルガン〜テヘラン	—	—	—
2004	12	テヘラン〜タブリズ	—	—	—
2005	13	タブリズ〜エルズルム	—	—	—
2006	14	エルズルム〜シバス	—	—	—
2007	15	シバス〜アンカラ	—	—	—
2008	16	アンカラ〜イスタンブール	—	—	—
2009	17	イスタンブール〜ソファイア	—	—	—
2010	18	ソファイア〜ブダペスト	—	—	—
2011	19	ブダペスト〜ベネチア	—	—	—
2012	20	ベネチア〜ローマ	—	—	—

会の仲間たちと具体的な計画や準備を始めました。二十年間毎年参加して全行程を走破するもよし、参加できるときだけ参加してもらってもいい。私は「人生八十年」と考えているのですが、この方法なら、さまざまな年代の人が自分のライフプランと相談しながら参加することができます。

　こうして、古代の旅人と同じように、自らの脚力でシルクロードの文化を体験する「ツール・ド・シルクロード二十年計画」はスタートしました。

第一次遠征隊の出発に向けて

　発案からわずか一年後の一九九三年、私たちはツール・ド・シルクロードをスタートさせました。西安を出発した第一次遠征隊には、十六歳の高校生から六十八歳の定年退職者までの十八名が参加、なかには中国語を専攻する女子大生など、女性も六名いました。

　私を含めた参加者は、買い物自転車なら毎日乗っているけれど、マウンテンバイクに乗るのは初めてという人がほとんどでした。ですから出発前に、国内で自転車の乗り方や構造、修理方法などを勉強し、サイクリングを重ねて実践トレーニングを積んだのです。こうした準備は、毎回の遠征ごとに事前に行なっています。

　また中国では、外国人の未解放地区への旅行が禁止されているので、安全面の確認と合わせて毎回事前視察を行ない、現地の公安当局者と交渉を重ねながら、ルートや宿泊地の決定、水や食料の手配など万全の準備にあたります。はじめのうちは、中国側の旅行会社に手配を頼んでも、「何でこんな観光地でもないところに、外国人が大勢で泊まるんだ」となかなか信用されないこともしばしばでした。もちろん実際のツアーには、支援車輌が遠征隊の前後を同行します。現地の公安担当者やガイド、医療関係者も同乗し、もしものときに備えています。

自転車ならではの体験と交流

西安では、唐の時代にシルクロードの出発点であった西門をスタート地点に選びました。約千四百年前に、玄奘三蔵がインドへと求法の旅をスタートした門です。

あいにくの小雨でしたが、二十年後のローマを目指して、ペダルを踏み出しました。第一次遠征隊のコースは、西安から蘭州までの約九百キロ。途中、標高差二千メートル以上の秦嶺山脈峠越えもありました。上り坂では時速四キロ、下り坂では時速六五キロを超えるスピードを体験。地球の重力の偉大さに脱帽しました。苦労の末に見た風景は、特別な満足感を与えてくれました。

小さな村を通るときには、子どもたちの「加油」(チャーユー/がんばれー)の声援が疲れを忘れさせてくれました。また、夕げの匂いに団らんを想像したり、家畜の鳴き声で暮らしぶりに思いを馳せました。

まさに、ゆったりとした自転車のスピードだからこそ体験できることです。ポプラ並木の下で休憩をしていると、どこからかやかんを持ったおばさんが現れて、お茶を振る舞ってくれたこともあります。こんなとき、古代シルクロードのラクダキャラバンの人々も、オアシスの人々から貴重な水を振る舞ってもらいながら、東西世界を旅したのだと想像することができました。とはいってもやかんの中の水を覗いてみると、砂が混じって泥のような色をしています。オアシスの人たちの親切に感謝しつつも、ちょっとだけ躊躇した記憶がいまでも鮮明に残っています。水を飲みほして「ありがとう」と日本語で声をかけながら茶わんを返すと、うなずき、笑顔を返してくれました。ことばは通じなくても心は通う。ますますシルクロードに魅了されていきました。

自転車に乗って走って国際交流の芽生え

ツール・ド・シルクロードでは、現地の人々との国際交流も行ないます。毎回参加者に、旅の途中で小学校を訪問してもらうのです。

たとえば〝阿波踊り〟を踊って日本の文化を紹介したり、紙芝居を持参して小学校や街頭で披露したり、参加者がそれぞれ持っている趣味や特技を生かして、日本の文化を伝えるように努めています。

また、参加者各人が読み終えた日本語の本を五冊ずつ持参し、現地の大学の日本語学科などに寄付してい

2001年8月4～14日、ウズベキスタン共和国のタシケント～ブハラ間約600キロを走りきった。ゴール地点のブハラのミナレット前。

ます。西安交通大学の日本語学科へ二百二十五冊ほど寄贈したときには、お礼に掛け軸や大学で発行している専門書をもらいました。ほかにも、環境調査のお手伝いで、訪れる街々で飲料水や灌漑用水をサンプリングし、中国で水の研究をしている日本人の学者に手渡したこともあります。自転車だと、いつでも立ち止まって、植物の写真を撮ったり、水のサンプリングや砂のサンプリングをすることは容易なのです。

参加者たちの横顔

二〇〇一年の夏休みまでに、九回の旅を続けてきました。訪れた国は中国、キルギス共和国、カザフスタン、ウズベキスタンと四ヵ国にのぼります。参加者は首都圏を中心に全国各地から集まります。人数は、延べ二百七十名ほどになり、女性が三分の一を占めています。最年少は十三歳の中学一年生、最高齢は悠々自適の七十二歳です。参加者は毎年三十名から四十名ですが、半数はリピーターです。また新しく参加する人の半数が、マウンテンバイクに乗るのは初めてという方です。

過去九回、すべてに参加しているのは私だけですが、八年連続で参加している人が五名、七年連続が一名、四、五回の参加を数える人が十名近くいます。

雨でずぶぬれになったこともあります。砂嵐のために中断してバスで宿舎へ行き、翌朝また中断した場所まで戻って、シルクロードの「線」をつなげたこともあります。自然が厳しければ厳しいほど、旅の印象も強くなるもの。帰国後、自分の気力や体力に自信を持ったと話してくれる人が多くなっています。

たとえば、それまでは自転車に乗るといってもママチャリでスーパーに行ったり、近所へ出かける程度だった主婦の方でも、「一日に百キロも自転車で走ることなんてできないと思っていたけれど、走りきって宿舎で手足を伸ばして横になったときの満足感の素晴らしいこと。七百キロを完走できたので、まだまだいろんなことにチャレンジできるんだと、夢が広がりました」と、いまでは実家までの約三十キロをペダルを踏んで訪ねたり、日曜日には多摩川を走ったり、山梨県まで出かけたり、日常生活でもサイクリングを楽しんでいるそうです。ほかにも、帰国後に一人で、何回かに分けて東海道を自転車で走破する計画をスタートさせた女性もいます。このように、子育てから解放された後に、自転車を利用して行動範囲を広げたり、自分の時間を楽しむ方法が豊かになった方がたくさんいます。

ツール・ド・シルクロードは「大人の自転車遊び」

じつは白状しますと私自身、ツール・ド・シルクロードを始めるまで、自転車旅行は未経験だったのです。これまで九年間の旅で、自転車の魅力をたくさん知ることができました。

まずは何といっても「地球の凸凹《でこぼこ》」を、ペダルと自分の心拍を通して全身で感じられるということです。次に風。上り坂でも追い風があればあっという間に通りすぎます。下り坂の向かい風では目に見えない空気を、全身で受け止めて、感じることができます。自転車特有のゆったりとしたスピードなら、自然の厳しさもやさしさも、五感を通して納得することができます。匂いや音、動物の鳴き声から、人々の暮らしに思いを馳せることもできます。

もちろん私も体力や気力への自信を回復し、自信を持って生きる心のよりどころを発見しました。自転車で旅をするようになってから行動範囲が広り、一日に多くのことを見聞できるようになりました。自転車だから気軽に声をかけてもらえます。人の温かさに触れられるのも、自転車の旅のメリットなのです。

私たちがやっていることは、単なる自転車遊びです。が、自転車のスピードで旅をすることで、地球や社会が抱える問題について体感し、考えさせられる機会は多くあります。この旅は私たちに、次々と新しい旅のテーマを提供してくれています。

いま私はこのツール・ド・シルクロードを「大人の自転車遊び」であると考え、「社会に還元する何か」を常に携えた旅にしたいものだと思っています。皆さんもぜひ、シルクロードを旅してみませんか。

【長澤法隆　ながさわ・ほうりゅう】
1954年新潟県生まれ。日本余暇文化振興会研究員。月刊『望星』で、仕事を持ちながらもライフワークを実践する人々をルポしたコラム「ライフワークのある人生」を連載中のほか、各紙誌で活躍中。

【ツール・ド・シルクロード参加方法】
「地球と話す会」への入会が参加資格です。会員に次回遠征の実施概要等が案内されます。入会方法は同会ホームページ、または電話でお問い合わせ下さい。なおツール・ド・シルクロードの参加費用は、過去実績で45万円から65万円です。
▼問い合わせ先＝地球と話す会事務局
電話：042-573-7667　http://web.infoweb.ne.jp/chikyu/

風に吹かれて——わが多摩川汗だく遡行記

安房文三

土手を風を切って走っているのが、喉にぽっかりと穴の開いたコワレモノの年寄りだとは誰も気がつくまい。ほら、ここにこんな穴を開けて、からだのなかが見えるんですよ、そういってシャツをはだけてみせたら、きっとびっくりするだろうなあ、そう思って、ひとりでクックと笑ってしまう。

土手というのは多摩川土手のことである。喉に開いた穴というのは気管切開をしたがん切除の痕跡である。十六年前、煙草と酒と年来の不摂生とで喉にがんを患い、気管切開と食道再建という面倒な手術を受けて、胸には気管孔が開きっ放しになっているし、胃を吊り上げて代用している食道からは、うつむいただけでたやすく胃の内容物がこぼれ出る。もちろん声も出ない。そんなコワレモノの年寄りが、せっせと自転車を駆って炎暑の多摩川土手を走っているのである。

六十六歳、東京生まれ、元雑誌編集者。痩せて喉の細い、白髪頭の貧相な男だ。

男には年来の友だちがいた。コワレモノになったあとも、その友だちとは変わらぬ親交がつづいていた。三年前に中学校長を定年退職してからは、友人はもっぱら乱読と多摩川土手のウォーキングに精を出していた。気が向くと四〇キロは歩くな、と偉丈夫といっていい堂々たる背中にぐっしょりと汗をかいて、待ち合わせの土手へやってきたりした。

友だちとは月に二、三度、ハガキや手紙のやりとりをする。年に四、五回はどこぞで落ち合ってのんびり酒を酌む。わたしが自転車を乗り回すようになってからは、逐一自転車三昧の報告をした。たとえばこんなもの。

やっぱり、大兄が言うように自虐衝動なのかなあ、と苦笑いしながら、あいかわらず炎天下を走っています。漁師とまではいかないけれども、河原で遊びころげてる子供たちぐらいには陽に焼けてますよ。

走っているのはもっぱら多摩川土手ですが、このところ上流域をきわめようとせっせと通いつめて、とうとう奥多摩街道が走る多摩大橋を越え、JR八高線を越え、拝島橋の先の七ケ村取水口跡と石碑のある村外れまで走破してきました。

あの辺りはもう巨岩、奇岩が泡をかむ渓谷に近い景観でしてね、薄緑色の清冽な水を眺めながら、よくもまあ、白髪頭のコワレモノが自転車なんぞでここまでやってきたものだなあって、感慨無量でしたが。

和泉多摩川土手から走りづめに走って一時間半、往還三時間という行程です。走行距離は六、七〇キロというところですか。舗装路のよく整備されたサイクリングロードだし、炎天下とあってトレッキングする連中もまばらだし、わりあい走りやすいんですよ。

川の流れとか、夏草の生い茂る河原とか、向こう岸の緑とか、濃くうっすら霞む秩父の山並みとか、土手の上を走るので眺望が見事でしてね、気持ちが晴れ晴れする。くたびれたら土手の草むらに腰を下ろしてスキットルのウイスキーをなめたり、まあ、コワレモノの年寄りらしくマイペースで走っています。さほど疲れも感じないし、だくだく汗をかいて、水っ気をがぶがぶ飲んで、あとは若い頃のように泥のように眠ってしまう。これってやっぱり自虐衝動なのかなあ。

まあ、義務感があるわけでもなし、嫌になったらやめればいいし、そのうち飽きてしまうかもしれないけれども、どうもこの自転車のトレッキングというのは魚釣りに似てるところがあって、あんがいぼくには水が合っているのかもしれません。人と話すこともないし、ひたすら自分に没頭していればいいんだし、マイペースでいられるし、たいしてくたびれないし……、そんなところが野釣りにそっくりなんですよ。

以上がとりあえずの中間報告です。たぶんあすもまたせっせと多摩川土手を走っているでしょう。秋口には漆黒の肌色になっているでしょう。漁師の二の腕で一献、熱燗を酌むことになりましょう。それまでお元気で。

●

こんな日々がつづいたあと、見るべきものは見つ、といった感じで、残暑が終わるころには多摩川の上流遡行も一段落して、アキアカネが舞い、彼岸花が咲き乱れる近郊の土手をのんびり走るようになった。枯れ葦の茂みに埋もれ、持参の缶酒をすすり、川面にぽつんと浮かぶ水鳥を眺めたりして、せっせと年老いた魂の洗濯をしている。

かくて三年がたち、愛車のスポーツギア3500もあちこち傷つきながらもどうにか持ち堪えて、この夏の終わりに、夜明けの街を走っていて4WDにはねられたときも、わが愛車はなぜか無事だった。腰をしたたかに打ったわたしは医者通いがつづき、ただいま謹慎中の身で無聊をかこっているが。

地球のあちこちに
出会いがある
自転車の旅はやめられない

メキシコ、西マドレ山脈を行く

自転車旅行人
一條裕子
さん

自転車のことなど何も知らない20歳の女の子が、自転車旅行を始めてから19年が経った。いま改めてその年月を振り返り、自転車旅行への想いを旅の途中で出会った友人へ綴る――。

自転車旅行中に出会ってからもう十五年

あと数時間でシドニーに着きます。「赴任中に遊びに来いよ」と言われたことばにすっかり甘えて、シドニー行きを思い立って三週間後の出発。「楽しみに待っています」と言ってくださったという、まだ面識のない奥さんと三人の子どもたちに会えるのが待ち遠しいです。

メキシコ、沿道のナッツ売りのおじさんと値段交渉

●

今度の旅は二週間と短く、そのうち十日ほど自転車をこいで過ごすつもりです。「やっぱり自転車連れですか」と呆れますか？　そんなことはありませんよね。あなたもカナダ～アラスカを走ったサイクリストなのですから。

私たちが出会った沖縄の旅のことを、いまでもとてもよくおぼえています。あれから十五年が過ぎましたが、その年月はあっという間でしたか？　それとも長かったですか？

あのとき、私は沖縄から日本縦断の自転車旅行をするつもりで、あなたは大学の春休みを使って走りに来ていましたね。那覇を出発して本島を回り始めた日がどうやら同じだったようで、何度かお互いを見かけ、最後は那覇ユースホステルで泊まりあわせることになりました。

私を見かけたあなたは「サイドバッグを四つも付けた筋金入りのサイクリストに声を掛けたら、怒られそう」と思ったそうですね。じつはあのバッグにはあまり荷物は詰まっていなかったんですよ。

共通点は、自転車で旅してるということ

私たちは同じ時期に沖縄を自転車で走っている、という共通点がありましたが、親しくなったのはまったくの偶然でしたね。

那覇に到着する日の夕方、下り坂でおかしな振動を感じた私は、自転車を停めてあちこち原因を調べたところ、フレームに亀裂が入っているのを見つけました。那覇まであと一八キロ。それぐらいならこのまま走っても大丈夫なのか、危険なのか、でもじゃあ日本縦断はどうなってしまうのか、私はすっかり途方に暮れていたのですよ。それなのに、地図を

メキシコ、カンクンで

広げて思案している私の横をあなたは、「こんなところで休憩して、余裕じゃん」と思って通り過ぎて行ったとは！

　どうすればいいのかわからず、大学のクラブの後輩に電話をかけ、「明日までに解決策を考えておいて」と頼んだのがたまたま四月一日で、翌日電話で「え、ホントだったんですか？　てっきりエイプリルフールの冗談かと思った」と言われたことに腹を立てた私は、那覇ユースホステルに泊まりあわせた人たちに「ちょっと聞いてよ、ひどい話なんだから！」と叫んでしまいました。その中に、たまたまあなたがいましたね。そして運の悪いことに、あなたはその後輩に少し似ていました。

　壊れた自転車は、鹿児島の代理店に新しいフレームを送ってもらえることになり、旅を続けられることになりましたが、一週間ほどぽっかり時間があいてしまいました。そこで急遽、夕方の船で島へ渡るという一団に加わって、大慌てで荷造りをしましたね。あのときあなたはロードレーサーで走っていたにもかかわらず、私が石垣島の港で借りたママチャリにつき合ってくれました。どうもありがとう。

●

　あの三年後、あなたが「アラスカを走りたいからアドバイスして」と言ってきたのにはビックリしました。でももっと驚いたのは、あなたのお父さんから「息子から連絡が途絶えた。事故に遭ったんじゃないか」と電話がかかってきたときです。結局一週間ほどして、あなたが自宅に連絡するのを無精しただけとわかり安心しましたが……。

　私の初めての海外ツーリングのアラスカ行きから、二度目のモンタナ行きまでは、五年のブランクがありました。でもあなたのアラスカ行きに刺激を受けて、私ももう一度旅に出る決心がついたのです。

　とはいうものの、私自身、こんなに懲りもせず走り続けるとは予想していませんでした。

　自宅のある町田から渋谷まで、ふとした出来心で、往復四十六キロのママチャリ・サイクリングをしたのをきっかけに、自転車の意外な推進力に目覚め、東京〜下関〜大阪を一ヵ月間、自転車だけで旅行したのがいまから十九年前のこと。以来、自転車なしの旅は考えられなくなり、カナダ、アメリカ、メキシコ、ベリーズ、グアテマラ、タイと走ってきました。

終わりが来た自転車一人旅

この十五年、あなたの身にも私の身にも、いろいろと変化がありましたね。トップニュースはお互いの結婚でしょうか。私のほうはこの十一月で十年目に入りますが、まだ三年ぐらいしか経った気がしません。毎日がドタバタと慌ただしいからでしょうか。それとも「転がる石に苔はつかぬ」ではないですが、自他ともに認める「経験から何も学ばないやつ」のため、私の中に歳月が積もっていかないのでしょうか。

結婚して八ヵ月で、一人で自転車を担いでアメリカに行ったときは、さすがにみんなに呆れられましたが、あなたはどう思っていましたか。「やっぱり落ち着かないやつ」ですか？

結婚後も続いた一人旅に終わりが来たのは、六年前のメキシコ旅行でした。その旅も一人で行くつもりでいたのですが、出発の二週間前に夫が「僕だってメキシコに行きたい」と言ったので、急遽予定変更したんです。

私だけが遊び回っているのを、不公平に思ったのだとばかり考えていましたが、じつはそうではなかったのです。そのことがわかったのは、それから二年後、グアテマラへの旅のときでした。

日本に帰るためメキシコまで戻って来て、ホテルでお金も航空券もパスポートもカードもすべて盗まれる事件がありました。警察を呼んだらホテルのメイドの仕業とすぐに判明し、少しの米ドル現金以外出てきましたが、そのとき相談に乗ってくれた日本人旅行者に、夫が珍しく饒舌にまくし立てたのです。「この人は、危なっかしくてしょうがないんです。四年前はメキシコに着いた日、昼飯を食べているすきに自転車と荷物を盗られるし、グアテマラでは地元の人に盗賊が出るから行くなっていう道を行っちゃうし、だから僕がついて行くことにしたんですよ」

そのときまで、夫の気持ちに気づかなかった私をどう思いますか？「あなたなら、そんなところだろう」ですか？

自転車二人旅に出た理由

それはともかく、三度の二人旅を経験して、これはこれでなかなか良いものだと思えるようになりました。でも初めからうまくいったわけではないのですよ。最初のメキシコ旅行は大変でした。

じつはその、メキシコで私が自転車と荷物を盗られたあと、夫がアメリカに来て、一ヵ月間二人でドライブ旅行をしたのですが、そのときすでに二人旅の閉塞感の兆しはありました。ほかに話す相手のいない、気を紛らわす本やテレビのない外国を、二人だけで一ヵ月も旅をしたのですから……。でも私は、それをクルマのせいだと思っていたのです。

　クルマの旅は、泊まる場所の心配だけはまったくないのが自転車と違う点ですが、じつに疲れます。まず行き先を決めるのが大変です。一日三百キロぐらい走れるのですから、あっちにしようか、こっちにしようか、なかなか決まりません。自転車の旅のシンプルな思考に慣れていたから余計です。それに運動不足になるので、食欲や睡眠を十分に摂るのも困難です。

　はじめは、私が自転車で走って感動した中西部の大渓谷地帯を、夫にも見せてあげたいと意気込んで案内したのですが、ブライスキャニオンにもグランドキャニオンにもモニュメントバレーにも、あまりに簡単に行けるのでがっかりしてしまいました。終いには「あと行ってないのはどこ？」と、時間を持て余してしまいましたよ。大景観も、たどり着くまでの苦労がないと、テレビを観るのと同じだと知りました。

　でもじつは夫は、そんな観光旅行を望んではいなかったようなのです。いまでもよく思い出すのは、道路地図を頼りに、魚の釣れそうな川や湖を探してクルマを走らせたことや、乏しいわれわれの釣果に同情して、隣のキャンプサイトのおじさん二人組が夕食に大きな鱒を差し入れてくれたことです。

やっぱり一人旅がいい…

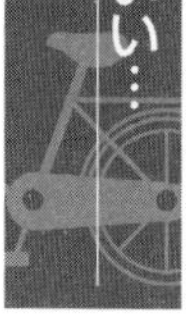

　さて、第一回目の自転車二人旅ですが、一度だけ、あわや離婚か？という危機がありました。

　クルマと違って自転車は、毎日自分の力で「走る」わけですが、どちらの旅も、話し相手はお互いしかいない日々という点では変わりません。夫は当然、私の旅の進め方に口を出します。一人旅が長かったせいか、私は自分の旅に他人から口を挟まれることに慣れていませんでした。そのストレスで険悪な雰囲気になり、私は「先に帰れば」と言ってしまったのです。夫も「それでもいい」と応じました。

　二人とも意地張りの謝りベタで、なだめ役がいないので困ります。結局この危機は、翌日何もなかったかのように、旅を続けることでうやむやに解消しました。

　やっと二人旅が楽しめるようになったのは、私が距離にこだわらなくなり、たどり着いた町の面白さに目を向けるようになってからでしょうか。それもこれも、中米というローカル色豊かな場所を旅するようになったからかもしれません。

　ともあれ、途中でまずいことがあった旅も、我慢して辛かった旅も、時が経てば楽しいことしか思い出さなくなるものですね。そして何年経っても「あのときのメキシコ少女は、どうしているだろうね」などと一緒に話せる喜びは、思いがけない発見です。こんなことにいまごろ気づくとは、呆れますね。

　さてさて、二人旅を楽しむようになったのに、今回は「何で一人？」と不思議に思っていますか？

ルートづくりの仕上げは現地での情報収集

　到着早々、資料集めと買い出しにつき合ってくれてありがとう。旅先で会うあなたと、東京の飲み屋で会うあなたは少し違うかと思っていたけれど、ぜんぜん変わりませんね。あなたが飾り気のない大阪人だからかな。もう一度旅先であなたと会ってみたいと思っていた私としてはちょっと拍子抜けですが、安心もしました。何を？　と聞かれても困るけれど。

　日本で買ったガイドブックには、シドニー郊外の情報はあまり載っていなくて、一体どうなることやらと心配でしたが、連れて行ってもらった国立公園の案内所で資料が手に入り、走るルートがつくれました。

　夫や友人は、私がいつも行き当たりばったりで旅をしていると思っている節があります。が、こう見えて、かなり慎重にルートを選んでいるんですよ。今回は、久しぶりの一人旅だから、一日に走れる百キロ前後の範囲に泊まる場所があることを確認しておきました。

　こちらにはキャラバンパークという名称で、私営のキャンプ場が観光地の町中にずいぶんあるんですね。日本から持参したテントとシュラフが役立ちそうです。移動費のかからない自転車の旅なので、ホテルに泊まったら、たちまち予算がオーバーしてしまいますからね。

七年ぶりの自転車一人旅に出てみて…

シドニーを出発してはや八日。十

シドニー友人宅、出発の朝。次女のユキノちゃんと

日間なんてあっという間ですね。

さて七年ぶりの一人旅、昔の気持ちを取り戻せたり、毎日の宿泊地に着いてから寝るまでの時間の長さを持てあまして「やっぱり二人だったらなあ」と思ったり、いろいろでした。とくにキャンプの夜はそうでした。五日目に国立公園内のモゴクリークでテントを張った日は、ほかのキャンパーはおらず、一人旅の心細さをしみじみ味わいましたよ。おまけにそこには体長一メートルほどの大トカゲがうろついていて、暗くなってから尻尾を踏んで怒らせたりしないかと心配になりました。でも大トカゲのほうが臆病者らしく、写真を撮ろうとするとあわてて木に登ってしまうので、心配も杞憂に終わりました。

こちらの国立公園のキャンプ場は、今回は二ヵ所にしか泊まりませんでしたが、水で苦労させられました。食器を洗うだけなら小川の水や雨水を貯めたタンクがあったのですが、飲み水がなかったので、足りなくなりそうになりヒヤヒヤしましたよ。なんとなれば、いつものように「クルマにお願い作戦」で切り抜けるつもりでいましたが……。

それに幹線道路からはずれた町では食料が手に入らず、残りの分量を何度も計算しました。こっちのほうはそう簡単にクルマに頼むわけにはいきませんからね。でもこういう見込み違いによる失敗を、自分だけで引き受けるのが一人旅の良いところですね。二人だとつい甘えが出て、お互いの判断を責めてしまうときもありますから。

それはそうと、いまはこちらを旅するには最適のシーズンでした。あなたの奥さんが「花の季節だから、きっときれいですよ」と出がけに教えてくれました。色とりどりの花も目を楽しませてくれましたが、漂う香りがとてもいいです。桜のような木も見かけました。地球の反対側でお花見です。

それと、「泳げるくらい暖かい日があるかも」と言ってましたが、ビーチで一時間遊びました。ちょっと迷ったのですが、ビーチにいる人たちがあまりにも楽しそうだったので、急いで水着に着替えて。テントマットをボディボード代わりにして波に乗っていたら、地元の子どもたちと目が合って、お互いたちまち笑顔になりました。

●

短い旅でしたが、来て良かったです。ここ一、二年一人で走りたいという気持ちがムクムクと頭をもたげていたのですが、少し尻込みもしていたのです。二人旅に慣れたせいで、もう一人旅は怖くてできないかな、なんてね。でもこの旅で気持ちがすっきりしました。次回の二人旅では「たまには一人旅がしたい」なんて気持ちを抱え込まずに楽しめそうです。それに毎日一人でペダルを踏み続けて、つくづくこのペースが自分の性に合っているんだなあと実感しました。自転車以外の遊びや観光も魅力的ですが、見知らぬ土地を、自分の踏む車輪の回転ではかりながら、知った土地にしていく。何だか動物のマーキング行為に似ていなくもないですが、たとえもう一度訪れることができなくても、そんな土地が地球のあちこちにあると思うと、自然と、顔の筋肉がゆるんできます。素敵な旅を、ありがとう。

【一條裕子　いちじょう・ゆうこ】
1962年東京都生まれ。和光大学人間関係学科卒。7年間の編集者生活の後、結婚を機に退社。以後、ますます自転車旅行中心の生活となり、アルバイトで資金を貯めては走りに行くようになる。現在、北米・南米大陸小間切れ縦断旅行を進行中。アラスカ～グアテマラの旅行記『自転車旅行にでかける本』(アテネ書房)を本年7月に出版。現在、体力維持を兼ねてサイクルメッセンジャーとして毎日都内を走っている。

COLUMN

自転車通勤事情

職場まで十五キロ以内なら無理なく可能

自転車は健康にも、環境にもいいと、最近、自転車で通勤する人を街でもよく見かけるようになってきた。

自転車通勤を奨励している名古屋市では、この三月から職員の通勤手当制度を改革し、自転車通勤をする職員の通勤手当を大幅に増額した。反面、自動車で通勤する職員の手当は減額されることになった。市民の環境意識を高めるためには、まず足元の市役所職員の意識を高めることが重要と始めたものだ。具体的には、自転車通勤について最短二千円を四千円に、最長六千五百円を八千二百円に大幅増額。その一方で、自動車通勤は、最短の五キロ未満のみ四月から半額の千円とした。

実際、自転車通勤はどのぐらいの距離ならできるのだろうか。『自転車通勤で行こう』(WAVE出版)の著者で、本書にも登場している疋田智氏によると、自転車で無理なく通勤できる範囲はだいたい十五キロ以内。たとえば東京・新宿への通勤を考えると、半径十五キロ以内には、区部はもとより、川口、蕨、戸田、和光、西東京、武蔵野、三鷹、調布、狛江、高津区(川崎)などまで入る。十五キロは、一時間以内で通うことができる目安だそうだ。

同氏が主宰しているホームページ『自転車通勤で行こう』(http://www.hoops.ne.jp/~japgun/)では、自転車通勤者を〝自転車ツーキニスト〟と呼び、自転車通勤のための多彩な情報を掲載、掲示板も設けて活発な意見・情報交換も行なっている。あなたも一度、自転車通勤を試してみてはいかが。

自転車で紡ぐ
親の思い出、子の思い出
親子で行く
自転車旅行のすすめ

CMディレクター
佐古彰彦
さん

父と娘、父と息子、自転車親子二人旅。子どもの成長とともに稀薄になりゆく親子関係に危機感を持った父の計画。「自分の力で進むリアルな旅」を共有した子どもたちは、親は、何を感じどう変わったのか──。

娘との自転車旅行を思い立つ

　普投スポーツとはまったく縁のない中年の僕が、一九九四年の夏に娘・菜々子（当時一〇歳）と自転車で旅行をしようと思いついたのは、その前年の春に見た「自分の葬式の夢」がきっかけでした。夢の中の自分の葬式で、娘が親戚の人から「やさしいお父さんだったねえ。お父さんとの楽しかった思い出を聞かせて……」と質問され、ただポカンとして何も答えない娘の姿を見てドキッとし、焦って目が覚めたのでした。僕としては普段から子どもたちと家族旅行にもよく行き、近所の野草の絵を描いたり、押し花を一緒に作ったり、蛍を探して山の中に入ったりと、父親としてできる限りのことをしてきたつもりだったので、たとえ夢の話とはいえかなりショックでした。目が覚めたときパジャマまで汗ビッショリだったのをいまでも思い出します。そしてその夢に妙なリアリティーがあったので不安になり、本当に父親としてこれでいいのかと少し悩み始めました。

　それまでは旅行というと、電車、飛行機そして車という移動手段を使ってきました。そして子どもたちは親の意志のままに、山へ、海へ、遊園地へと連れて行かれ、それなりに楽しんでいたと思うのですが、年齢的なことを考えても、その中に子どもたちの意志はあまりなかったのではないかと感じました。それと情報過多の時代、バーチャル・リアリティーの刺激に慣れっこになったいまの子どもたちには、私たちの子どものころのように、車窓に顔をくっつけて、流れる風景に感動するといったことがあまりありません。車や電車で行く旅の思い出はいつも点から点への旅ではなかったか、という疑問が生まれ、それなら「『点から点』を『線』で結ぶ旅」を考えるべきではないかと考えたのです。「自分の意志で行く旅」「点から点を線で結ぶ旅」、そういう親子の旅を実現するしかないと思うまでにそれほど時間はかかりませんでした。

　それから妻にも夢のことを話し相談したところ、「あなたは男兄弟の中で育ったからわからないかもしれないけど、娘もいつ生理が始まってもおかしくない年ごろだし、女の子

息子の自転車のタイヤに空気を入れる佐古氏

は生理が始まると、父親とは一歩距離を置くようになるわよ」という考えてもいなかったことを言われました。さらに妻は、目が点になっている僕に「仕事も忙しくて大変だろうけど、娘の成長はあなたの都合を待ってはくれないよ」と追い打ちをかけるように言ったのでした。妻のことばを聞いて私は「悩んでる暇はない。いますぐに娘との自転車旅行を実行しよう」と決心したのでした。

なぜ自転車旅行なのか

自転車は自分の力でペダルをこがなければ前へ進みません。そういう意味ではいざ出発すると誰も助けてはくれません。もちろん、上り坂はすごく疲れます。止めたければすぐにでも止められます。自転車は乗り手の気持ちにすごく正直です。逆に言うと、乗り手の汗の量に比例して楽しいこともたくさんありますし、苦労して上った坂を一気に駆け下りるときの爽快感は病みつきになります。そして歩くときより広がる行動範囲、自然と一体になれるほど良いスピード感など自転車の魅力は数限りなくあると思います。バーチャル・リアリティーに慣れた子どもにはこのシンプルさがとても大切だと思い僕は自転車旅行を選びました。何より、自分の力だけでペダルをこいで目標を達成したときの喜びを子どもに味わってほしいと思ったからです。

じつは、僕は自転車の卸業を営む父の次男として育ちました。皆さんは「ああ、やっぱり！」と思われるかもしれませんが、僕は運動神経がなかったせいか、小学校五年生まで補助輪を付けて自転車に乗っていました。父親も呆れ果て、そのせいで当時流行していた変速機付きの自転車には乗れないままでした。情けない話ですが、結局生まれて初めて変速機付きの自転車（マウンテンバイク）に乗ったのは、自転車旅行を計画した四十歳からでした。おまけに、高校時代に原付きのオートバイで事故を起こしたために自動車の運転免許も取る気にならず、いまでも僕の一番身近で唯一の交通手段は自転車です。

家族の計画への理解

その後、僕は具体的な計画を立てる前に自転車旅行の「テーマ」を考えることにしました。もし自転車旅行を実現できるとなると、仕事も休まなければならないし費用だってそれなりにかかるからです。それにはまず家族（妻・娘・息子）の計画への理解が必要だと思い、いろいろと悩んだあげく「今回は家族四人ではなく、娘と二人だけで」というテーマを考えました。家族四人で行くと、親離れ間近の娘との関係が希薄になりそうなのと、当時息子は小学校二年生のため、ルート・距離・ペース配分が難しいと思ったからです。

　それから家族四人が久しぶりに一緒に食事をするときを見計らって「お父さんは来年の夏休みに菜々子と二人で自転車旅行に行こうかと思うんだけどどう思う?」と話してみました。妻はある程度僕の気持ちを理解していてくれたので「予算が気になるけどいいんじゃない」と了解してくれました。問題は当の本人の菜々子でした。娘に断られると計画は台無しです。かといって、あまり理屈で説明しても理解できない年ごろなので「お父さんと自転車旅行に行くなら、菜々子が欲しがっているピンクのマウンテンバイクを買ってあげるし、北海道に行くと大好きなイクラが毎日食べられるんだよ! どう? お父さんと行く?」と尋ねました。娘はちょっと考え込んでいましたが「行く!」と元気のいい返事が返ってきました。ちょっとずるい方法ですが、一日にどれ位走るかとか、大変な峠が待ってるとか、具体的に説明すると逆効果になりそうだったので、楽しいことで納得させました。息子は、僕たちがゴールの釧路に着く三日前に妻と北海道に行き、道東を観光することで納得しました。これには、ゴールで娘が妻と息子と感動の再会をするという演出もありました。実際、ゴールでの再会は感動ものでした。それと娘がくじけそうになったときに、ゴールでお母さんたちが待ってるよ! と言うと元気が出てくるという効果もありました。

いざ北海道自転車旅行へ!

一九九四年八月一日。北海道とは思えないくらいの暑さの中、僕と娘の北海道自転車旅行は始まりました。中標津のホテルを出発してペダルをこぎ始めたとき、期待と緊張からか体がフワフワして自転車が地上十センチ位浮いているような気分でした。旅行中は親子喧嘩はすまいと誓っていたのに、最初の急な上り坂にさしかかったときに娘のデレデレとしたやる気のない態度を見て思わず怒ってしまいました。父親の僕としては「せっかくの二人だけの旅行なんだから楽しく!」という気持ちでしたが、娘としては「旅行は楽しいって言われたから来たのに、何で怒られなきゃならないの!」という心境だったのでしょう。父親と娘のこの旅行に対する考え方のギャップを感じざるを得ませんでした。幼い娘に理解しろというのが無理かもしれません。このギャップは最後まで埋まらなかった気がします。しかし、昨日自転車を押して泣きながら上っ

知床峠を猛暑のなか、自転車を押して歩く菜々子ちゃん

ていた坂よりも、もっとすごい勾配の上り坂を、今日は何事もないようにスイスイとペダルをこいで上っている娘の姿は、じつに頼もしく思えました。本当に子どもの適応力・潜在能力には驚かされました。

夏の北海道は自転車で旅行をしている若い人たちがたくさんいました。知床峠を自転車を押して上っているときや、すれ違うときに「頑張って！」「峠は近いよ！」「こんにちは！」「お姉ちゃんはどこから来たの？　いくつ？　凄いねえ！」と声をかけていただきました。そのほかにも港で旅館でレストランで観光地で道端でと、本当に大勢の人に声をかけられ娘は励まされました。最初は照れて返事ができなかった娘も、二日目からちゃんと返事ができるようになりました。「お父さん、みんなから声をかけてもらうと嬉しいねえ！　元気が出てくるよ！」お陰で娘の中に「感謝」の気持ちが芽生えたようです。

旅行三日日、最大の難所の知床峠越えのとき、暑さと疲れで親子の会話はゼロでした。何とか励まそうと、娘の好きな歌を歌ったりしたのですが娘は無言のままでした。荷物も入れると自転車は三十キロ近い重さです。七合目付近でとうとう娘は俯いたまま泣き始めました。そのとき僕は正直言ってこの旅行は無理だったのかもしれないと思いました。でも峠の頂上に着いたときに「お父さん、菜々子は自転車で来てよかったよ！自分の力だけでここまで来たから景色がこんなにきれいに思えるし、すごく感動したよ！　ホントに自転車で来てよかったよ！」と笑顔で言ってくれました。そのときの笑顔は、僕の一生の宝物になりました。

記念写真もたくさん撮りました。記念写真三六五枚の内、娘がふてくされた顔で写っているもの二三七枚。これが娘の自己主張の数です。少し前までは、カメラを向けると条件反射のように笑顔でピース！　をしていたのに、笑いたくないときは絶対笑わない。娘の僕に対しての自己主張の数です。娘が順調に成長している証拠でした。いまではこの笑わな

い娘の写真も、僕の大切な宝物になりました。

　ゴールの釧路に着いた夜、真っ黒に日焼けした娘の寝顔を見ながら、僕はふと不安になり、妻に尋ねました。

「この自転車旅行は、菜々子にとっていい思い出になったかなあ?」「きっといまの菜々子にはそんなことわからないわよ。わかるとしたら、菜々子が結婚して子どもが産まれて、自分が親になってからよ」妻のことばを聞いて、今度の旅を一番楽しんだのは僕かもしれない、娘は一生懸命頑張って僕のために親孝行をしてくれたんだ、と感じました。そのとき、涙が溢れそうになりました。

　いま、北海道自転車旅行から七年の歳月が経ちました。娘・菜々子は高校三年生になりました。ほとんど毎日塾に通い受験勉強に必死です。僕は白髪が増え遠近両用眼鏡をかけ始めました。すっかり女っぽくなった娘と旅行のことを話すことはなくなりました。果たして娘の記憶の中に、あの暑かった夏の出来事は思い出になっているのでしょうか。

再び自転車旅行へ!

　娘との自転車旅行の二年後、息子・耕太郎が小学四年生のときに佐渡島一周(約二百キロ)、そして五年生のときに能登半島一周(約四百キロ)の自転車旅行に行きました。今度は男同士の旅です。トイレの時間以外は二十四時間一緒です。娘のときとは違って、何だか気持ちは楽でした。自転車旅行にも慣れていたということもありますが、娘と行ったときの、自転車旅行はこれが最後だ、という切羽詰まった緊張感がありませんでした。もちろん息子とも最後かもしれないと思っていたのですが、やはりこれは娘と息子の違いかもしれません。

　娘と息子の違いは、旅行中に随所に見られました。急な上り坂を自転車をヒイヒイ言いながら押しているときでも、娘は「この坂はあとどれ位だろう。あそこに見える山がさっきより近づいてきたから、だいぶん上ってきたぞ」と自分なりに分析していましたが、息子は同じ場面で、即興で作った歌を歌ったり「楽あれば苦あり。お父さん頑張ろう!」などと結構お気楽でした。同じように育てたつもりでも、二人の性格の違いがはっきり見えてきて僕は楽しめました。これも自転車旅行ならではと思います。

　それから、息子から「お父さん! お父さん!」と何度も呼ばれることが妙に嬉しくなりました。日ごろ、すれ違いの生活でこんなに一日中「お父さん!」と呼ばれることがなかったせいでしょう。反対に「耕太郎! 耕太郎!」と、自分が名付けた息子の名前をこんなに何度も呼んだのも初めてでした。些細なことですが、結構感動ものでした。

　旅行中、息子も色々な人に声をかけていただき励まされました。

「丹生庵の志甫さん、SETの山崎さん、氷見のバッタくんとトカゲくん、魚眠洞のとし子さん、入道雲くん、きっさ店のおばさん、おうえんしてくれた自転車屋やオートバイのお兄さん達、ペンション・ウインズのおばさん、バッサン鳥くん、新保さん親子、キャッスル真名井のお姉さん、狼煙のカニくん、うしつ荘のお姉さん、うしつのタクシーの運転手さん、千枚田のおみやげやのおばさん、うるしの宿のおじいちゃん、輪島の朝市のおばさん、富来サイクリングセンターのお兄さん、富来シーバスの石黒さん、全てのおそばやさん、金沢駅で出会ったおばさん、穴水のオニヤンマくん、すみよし屋のおばさん、能登島の小魚くん、お母さんとお姉ちゃん、津山と押上のおじいちゃんとおばあちゃん、お父さん、僕と一緒に走った自転車くん。もう、いっぱいすぎて書ききれないよ！　みんな、みんなありがとう！　みんなのおかげで楽しく走れました。本当にありがとう！　ぼくは一生みんなの事忘れないよ。いい思い出をありがとう！　一九九七年八月十日　佐古耕太郎」

　これは、息子が夏休みの自由課題で作った能登半島自転車旅行絵日記の最後のページです。いつか息子が大人になって、結婚し子どもが産まれ、そして父親になったときに、素直で純粋な気持ちで書いた、このページを思い出してくれると嬉しいなと思います。

親子で行く自転車旅行のすすめ

北海道自転車旅行から帰ってきた僕たち親子に、同じような年ごろの子どもを持つ友人たちから「うらやましいなあ。でも自転車は大変そうだし、うちの子どもには無理だなあ。第一、自分の体力に自信がない」と何度も言われました。そんなとき、僕は決まってこう言いました。「子

能登半島、穴水町近くの漁港で。たくましくなった耕太郎君

どもと一緒にたくさんの思い出を作りたいという親の気持ちさえあれば大丈夫。まずは行くぞ！　と決心することだよ」

　とにかく決断し、初めの一歩を踏み出すことだと思います。その後で自分や子どもの体力、旅行の日程などの問題を一つひとつ解決していけばいいのです。子どもと二人きりの時間をたくさん持てること、子どもにとって頼れるのは父親だけという旅の中で、一対一で向き合い、ともに困難を乗り越えたときの満足感は、何物にも比べようがありません。

旅を終えて

　僕は一九九四年から九七年にかけて、二人の子どもたちとそれぞれ自転車旅行に行きました。僕が子どもたちと走った総走行距離は約千二百キロ以上になりました。「自分の意志で行く旅」「点から点を線で結ぶ旅」が本当にできたかどうか、答えが出るのはまだまだ先のようです。その答えを早く知りたいような、いつまでも知りたくないような、僕はいまはそんな心境です。でもいつか、もしその答えが出たとき、ちょっと怖い気もしますが、皆さんにぜひお話できたらと思います。皆さんも、その答えを探しに、まず親子で自転車旅行に出てみませんか？

　僕は日本各地を走ってみましたが、親子で、家族で、そして子どもたちだけで、のんびりと安全に走れる道路は数少ない気がします。とくにトンネルは、とても自転車が走れる環境ではありませんでした。すぐに赤字を出して閉鎖されるような陳腐なテーマパークを作るよりも、人とクルマとそして自転車が共存できる道路を作ってもらいたいものです。そのためにも、僕たちは普段からマナーを守って走りたいと思います。

　最後に、一組でも多くの親子に自転車旅行に行ってほしいと思い、僕たち親子の体験に基づいた計画の立て方、自転車の選び方、訓練走行の仕方、そして装備などのことを書こうと思ったのですが、誌面の関係上できませんでした。もし詳しいことがお知りになりたい方は、娘との北海道自転車旅行記が六年前に出版され（『菜々ちゃん、すこし休もうか』冨山房刊）、そこに詳しく書いてありますので参考にしていただければ幸いです。

【佐古彰彦　さこ・あきひこ】
　1953年岡山県生まれ。武蔵野美術短期大学卒業後CM制作会社に入社。CMディレクターとして活躍後、佐古彰彦事務所を設立し、フリーのCMディレクターとして活躍中。「四畳半フォーク」世代のせいか、写真のとおり、20年来の長髪で通している。
▼『父と娘の北海道自転車旅行「菜々ちゃん、すこし休もうか」』佐古彰彦・菜々子著、冨山房、1,500円（本体1,456円）

自転車遊びは危険がある反面、冒険心を養う

——水俣市における子ども自転車遊び実態報告から

クルマが日常生活で必要不可欠となり、クルマ中心のライフスタイルが定着しているなかで、環境にも、健康にもやさしい乗り物として、自転車の普及を図ろうとしている自治体が増えている。

なかでも子どもたちは、自転車を遊び道具の一つとして使い、自転車利用者のなかでも大きな存在を占めている。彼らの自転車利用の実態を知ることは、自転車を中心とした町づくりを考える上で、大きな参考となるだろう。

そうした観点から「子どもの自転車遊びの実態調査」を行なった、熊本県水俣市の例を紹介しよう。

同市では、平成八年からの十ヵ年計画として「第三次水俣市総合計画」を策定。そのなかで、「自転車のまちづくり」を明らかにしており、平成九年には「自転車まちづくり委員会」を発足させた。その活動の一環として、子どもの自転車遊びの実態を知るために、市内の園児・児童を対象に調査を実施している。

まず、何歳ごろから自転車に乗るようになったのか。調査によると、五歳から六歳にかけて乗れるようになった子どもが急激に増えており、小学校二〜三年生では九〇パーセント以上が乗っている。

そうなると、当然遊びのなかでも自転車の存在は大きくなり、「自転車遊びは楽しい」「気持ちいい」ということになる。ちょうど大人がマイカーに興味を示すのに似ている。

自転車遊びをするときの人数を見ると、七歳まではほとんどが「友だちと一緒」。六歳までは九〇パーセントがグループ行動で、平均三人と、交友の道具になっていることがわかる。そして、八歳ごろになると一人で乗る子どもが増え、その頻度も増えている。

走り回る範囲も、五〜六歳までは家から二キロ圏内が多いのに対して、七〜九歳になると二〜四キロ、十歳からは四〜五キロと、成長するにつれて遠くまで行くようになってくる。小学校の高学年ともなると、かなり遠出しているようだ。

そこで心配なのが事故、とくに交通事故である。アンケートではその点についても質問している。

五〜七歳までは、クルマに対して「怖い」というイメージを持つ子ど

COLUMN

もが八〇パーセント以上を占めているのに対して、八歳ごろからその怖さが急激に減り、「怖くない」と思っている子どもが逆に八〇パーセントを超える。一方、自転車に乗っていて事故に遭った子どもは、事故未遂を含めて、八歳が七〇・八パーセント、十歳で三九・九パーセントという結果が出た。

この結果から、六〜七歳がちょうど自転車遊びに慣れ、遠出をし始めるころに、クルマに対する恐怖心が少なくなり、事故に遭いやすくなっているということがわかる。つまり、六〜七歳が、自転車遊びの安全性について最も重視すべき年齢であるといえるだろう。

その一方で、親たちは子どもの自転車遊びをどう思っているのだろうか。調査によると、「とても心配」が二三パーセント、「少し心配」が六六パーセントと大半を占めており、「心配していない」はわずか一一パーセントにとどまっている。

大半の親は危険があるので心配しているが、その反面「自転車は子どもの行動範囲を広げ、冒険心を養う上で有効」と理解を示す意見も多かった。ほとんどの家庭で子どもに自転車の乗り方を教えているが、親が一緒に自転車に乗って教えたということは少なく、「話して聞かせた」が最も多かった。

水俣市もほかの都市同様、かつては多様な遊び場があったが、現在では空き地など安全に遊べる場が少なくなり、道路空間も遊び場の一つとなっている。その道路遊びの典型が自転車遊びである。そうした子どもの自転車遊びを、安全に楽しめるようにするためにも、自転車を中心にしたまちづくりが求められている。

還暦からの ママチャリ日本一周で 見えてきた 日本の風景

鹿児島の開聞岳を背に走る

イラストレーター
平野二郎
さん

自分の肉体と精神の限界を試すために始めた、自転車素人のママチャリ日本一周。そこで見えてきた日本の風景、人生終盤の生き方とは──。

退職後に日本を旅する理由

満六十歳の誕生日に、お江戸日本橋のたもとを、「日本原風景スケッチ旅」をすると言い、俗に言う〝ママチャリ〟に私が絵を描く道具として三年前から使い始めたマッキントッシュのiBookを背にしょって、友人数人に見送られ出発してからそろそろ五ヵ月（平成十三年十月五日現在）になろうとしています。

東北、北海道、そしてまた東北に戻り、日本海側を北陸、山陰、九州東側、そして鹿児島からフェリーで現在沖縄と、毎日の出来事をコンピューターで絵を描き、自分のホームページに絵日記としてアップロードしながら、自転車での旅を続けてきました。

道中お会いする皆さんに、「すごい！」「ほんとに!?」そして「どうして自転車、しかも〝ママチャリ〟で？」って聞かれます。なぜかを話せば理屈っぽいおやじになってしまいますので、そのたびに「いやあ、〝ママチャリ〟がそこにあったから」と答えはするのですが、じつは〝ママチャリ〟でこそやってやろうと密かに思って旅に出たのが本音ではあります。

人は人生の終盤にさしかかってきて己の過去を振り返り、果たしてこれでよかったんだろうかと思い、そしてこれからの残りの人生をどうしたら充実して生きられるだろうかというのが、おのずと頭に浮かんでくる大きなテーマではないでしょうか。

五年前、永年働いてきた自分への褒美のつもりでポルトガルにスケッチを兼ねた旅行に行きました。帰って来てから、ある人に彼の国はどこを向いても絵になる。もっと長逗留して絵を描きたいものだ、と言いましたら、「あなたは自分の生まれた国、日本を知っているのか？　身近な日本の美しさを見つけられずして、ヨーロッパだアメリカだというのはおかしい」と言われ、ことばに詰まってしまいました。

そこで、それならばグルッと日本を見て回って、日本という国の絵になるところを探して歩こう、そしてそれがないならヨーロッパなりアメリカへ行こう、と思いました。また単にモチーフ探しというだけでなく、これからの人生、何をして生きがいあるものにしようか、と考えたとき、己の力で、しかも毎日毎日変わる状況に対処しなければならない旅というものが、自分が生きていることを実感するうえで一番の方法ではないかとも思ったのです。それには肉体的にもそれなりの負荷をかけ、人間が心身ともに生きている、ということを実感できること、しかも困難な状況に対処するため経費も平常の生活費以下にし、自分の限界が精神的にも肉体的にもどの辺りにあるのかを試してみることが必要だと思いました。そしてそのような旅に適した〝足〟は？　となったとき、自転車が最適であろう、ということになったわけです。

なぜ自転車なのか

では、なぜ自転車なのでしょうか？

私は自転車のスピードが、人の五感で周り（自然といってもいいでしょう）を感じながら走れる限度の早さではないかと思います。バイクやクルマでは早すぎます。ましてクルマは「箱」の中に人が入っているわけですから、自然との一体感など望むべくもありません。汽車のように他人に運転してもらって景色を見るという旅ならまだいいのですが、自分が運転する場合は速くなればなるほど周りに対する視野が狭くなり、道路の先の一点のみを凝視して走ることになってしまい、周りを見る余裕などなくなってしまいます。

では、徒歩ではどうでしょう。

インド人が自転車は速すぎてダメだ、旅は歩くのが一番と言った、という話を聞いたことがあります。私も旅をしていてそう思うときがあるくらいです。自転車でも速すぎてしまうと思うことがあります。しかし残念ながらある程度の限られた時間と費用でということになると、自転車という便利なツールを使わざるを得ないというのが、私が今回の旅のスタイルを決めた理由です。

旅にバイクを選ぶ人の理由は、速さの魅力、そして行動範囲が広がる、いろいろな所が見て回れるという理由からでしょうが、そこに落とし穴があります。途中はカットされてしまうのです。行く先々を点で結んだだけで、確かに地図にある観光スポットは素早く回ることができるかもしれませんが、継続的な自然との触れ合いをしながらの旅、というには残念ながらスピードが速すぎるのです。一応地図上はなぞったわけですから、旅をした気にはなってしまうのですが、途中はスピードを楽しんでいただけと言えるでしょう。

自転車でさえ、徒歩に比べれば速さの魅力に侵されてしまっているのかもしれません。しかしまだ、どうにか自然と交わりながら旅ができる最速の方法ではないでしょうか。

そして自転車は静かです。

エンジンは人間の足ですから、めったに音を出しません。北海道の釧路の原野の中を走っていると、自分の自転車のトレッド・パターンの音しか聞こえないくらいです。もちろん、鳥の声、虫の音、小川のせせらぎ、浪の音、ダケカンバの枝にそよぐ風の音、それらに身を包まれながら走るのは、自転車だからこそ味わえる楽しみです。

次に、自転車は無公害です。狩勝峠を

登っていたとき、後ろからお客をいっぱいに乗せた観光バスが追い抜いて行きました。真っ黒な排気ガスを針葉樹の森に吹き掛けながら……。乗っている人たちは、どれくらい自分が空気を汚し、森をいじめ、そこに住む生き物を苦しませることに加担しているか考えも及ばず、観光地にまっしぐらなのでしょう。自転車乗りは、坂を登るときには平地に比べてより酸素を必要とし、肺の奥まで呼吸しているわけですから、もろに黒煙を深呼吸させられてしまいます。私は、ガスが森に消えて、薄くなるのを待って、またペダルをこぎ始めました。

　さらに自転車は健康によろしい。

　私にはひと月に一～二回必ず腹痛に見舞われるという持病があって、身体をエビのように丸めて発作が治まるのをジッと待つのが常でした。しかしこの五ヵ月は、ほとんどその発作が起きていません。やはり運動しているお陰で腸の動きがいいのでしょう。それと体重が四～五キロ減りました。当然お腹がへっこみます。出発時に約八〇キロあった体重が、現在は約七五キロです。私の身長が一八二センチですから、まさに理想の体重になりました。毎日御飯だったら茶わんに三杯、パンなどでも旅行前に比べて三割は多く食べていてもです。これは自分では気がつきませんでしたが、旅に出て三ヵ月くらい経ってから減り始めたようです。旅行の一ヵ月目にお会いした方が、二ヵ月後の私の写真を見て、「腹がへっこみましたねえ」って言ってくださいました。もちろん顔も精悍になりました。

　また、自転車は達成感を味合わせてくれます。

　当然、坂道は苦しいです。日本は坂道だらけと言ってもいいくらいですが、だからこそ、登り切ったときの爽快感、達成感はたまりません。知床峠は標高七三八メートルあります。東側の羅臼と西側のウトロの町は、各々海岸沿いですから、ほぼ標高どおりを登るわけです。行程一六

旅の途中で心に残った風景をスケッチしている。ほかの絵は、平野氏のホームページで見られる

キロ余り、私は登り始めて二～三キロくらいから自転車を降りて押さなければなりませんでした。目に汗が入り、息は切れてふらふらになって、ふと見た標識がまだ「一合目」とあったときには本当にがっくりしました。結局三時間半かかってやっと峠に着き、あとの下りはたったの三十分で駆け降りましたが、いま思っても辛かったからこそ、あれを越えたんだという達成感を感じます。そして途中で飲んだ雪渓の水のおいしかったこと。顔を洗った水の冷たかったこと。まさに生きていると実感できる瞬間でした。その後に出会う若いサイクリストに「知床峠はなあ」なんて、つい自慢げに話をしてしまいますが……。

そして何と言っても一番の魅力は、自然との一体感を感じながら移動できることではないでしょうか。

風を切るのでなく、風と一緒になり、空気の層をくぐりながら走るのです。ミルクの匂いが乾し草の匂いなんだと気がついたのは十勝の平野を走っているときでしたし、炊いた御飯の匂いがやはり田んぼの匂いだなと思ったのは富山の入善でした。潮の香、昆布の匂い、湿ったコケの匂い、乾いた土に夕立ちが降ったときの懐かしい匂い、さまざまな匂いの層をくぐり抜けながら自転車を走らせるとき、自分が自然と隔絶されたものでなく、全部につながっていることを教えてくれます。それは自転車だからこそ感じられる、自然との一体感でしょう。

ママチャリ日本一周の装備品の数々

自然だけでなく、人との触れ合いも、そののんびりとしたスピードだからこそできるのです。

福井で稲の作柄を聞いたら、わざわざ家まで連れて行ってくれて、お米作りのことを教えてくれたおじいちゃん、山蕗を刈っていたおばあちゃんは料理の仕方を教えてくれたっけ。長い昆布を石の上に干していた、はにかみやの娘さん。後ろから追付いてきて三十分もオラが村の話をしてくれたけれど、言ってることの半分しかわからなかった秋田のおじいちゃん、皆と話ができたのも気軽に止まれる自転車だったからこそです。

じつは沖縄に来てちょっとズルをして、五〇CCのスクーターを借りて乗ってみて、自転車との違いをつくづく感じました。五〇CCでもやはり速すぎます。次に音がうるさい。

自転車からは想像もできないくらいの大きな音と一緒に走らなければなりません。そして排気ガスが出る。交差点で止まっていると、自分の排気ガスで気分が悪くなるくらいです。

自転車が走りにくい日本

　そんなにいいことずくめの自転車なのですが、いまの日本では交通手段としてほとんど使われず、どちらかといえば使えない状態だと言ってもいいでしょう。残念ながらいまの交通行政のなかで、自転車の存在はほとんど無視されています。もともと現在の道交法では、自転車やリヤカーなどの軽車両は車道の左端を走るようになっているのですが、車道がクルマに占拠されるようになるとスピードの違う軽車両は邪魔物ですから、歩道に上がっても仕方がないことになり、日本全国で歩道の段差を低くして自転車が走れるようにしてしまいました。しかしこれは自転車に対する配慮ではなく、クルマの通行の邪魔だから退いてもらったというのが正しいでしょう。

　そして歩道を自転車が通ることによって、今度は歩行者が圧迫されて、歩道が安心して歩ける場所ではなくなってしまいました。歩道に自転車を走らせることは、クルマ優先、効率重視、人間軽視、ゆとり無視、の考え方です。

　仮に歩行者との混交通行が仕方がないとした場合でも、もっと自転車が走りやすい路面状態にしないと、結局歩行者に危険のしわ寄せがいってしまうこともあります。自転車の側もルールとマナーの教育をする必要があるでしょう。自転車の行動はクルマにとって非常に予測がつき難いのです。歩行者よりスピードが出ますから、突然視界に入って来て避けようとしたときはもう間に合わなかったというようなことが起きるのです。自転車乗りはそのことを知っていなければなりません。歩行者以上に、自分の行動が相手に予測がつくようにしなければなりません。

　ただ最近、電動補助自転車が普及し始めました。一部のサイクリスト

愛車に乗って、平野氏の旅はまだまだ続く…

には邪道と見られているかもしれませんが、私はもっと普及させて、身体の弱くなった人でも気軽に乗ってもらい、自転車に乗る爽快感を味わってほしいと思っています。ちょっと残念なのは、あの電源は家庭のコンセントから充電していることです。電源の一部は原子力、一部は石油を燃やしてCO_2を出しているわけですから、自転車そのものが排気ガスを出さないからといって無公害ではないのです。ブレーキをかけるとき熱エネルギーで放散してしまうのでなく、一部のクルマなどが取り入れている、それを電気エネルギーに代えるシステムを開発してくれればいいのになあと思います。そうすればコンセントからのエネルギーに頼る割り合いも減って、より環境に優しい乗り物になるでしょう。しかし、そのような補助的動力を使うとしても、自転車を楽しみ、自転車に乗る人口が増えることはいいことだと思います。

省エネだ、無公害だ、といって自転車をもちあげるなら、自転車が走りやすい道路をつくってもらうのはもっともなことですが、自転車に気楽に乗る人が増えてくれれば、行政もそれに対応してくるはずですし、自転車がいまのように走る場所のない乗り物なんて言われることもなくなるでしょう。すべてが好循環になってくるからです。

そして、単にレクリエーションのためだけの自転車でなく、気楽に乗れて、しかもそのメリットがあれば、もっとサイクル人口は増えるはずですし、そうすれば、自然と親しみ、調和しつつ生きることが、どんなに心和む生き方であるか、わかる人が増えていくのではないでしょうか。そしてそれが決してスピード一辺倒や、効率主義やモノに囲まれたからといって得られるものではない、〝幸せ〟をもたらしてくれるのだとわかったとき、他方ではまた自分の生活が周りに害を与えたり、知らないうちにそれに加担しているかもしれないといった後ろめたさもなくなって、安らかに心気高く生きられるのではないかと思うのです。

ママチャリはアンチテーゼ

私がいわゆる〝ママチャリ〟でこの旅を始めたのも、いまの風潮に対するアンチテーゼという意識がなかったわけではありません。まだまだ使えるものをちょっと便利だからといって新型に買い替える、そして捨てる。資源の無駄、それを作るのに費やしたエネルギーと労力の無駄。豊かな生活というのは、どんどん新しいモノを手に入れていくことなのでしょうか。使って捨てることによって新たなモノが生産され、つくった者に金が回り、またその金で新しいモノを買う。その循環が速いほど景気がいい、というのです。

　世界中が、景気を良くすることは絶対善だと信じているようです。今回のアメリカのテロ事件でも、それによる景気の後退が心配されています。

　しかし、いま以上に浪費文明を続けて、果たして幸せがあるのでしょうか。モノを豊富にするということが幸せの根本だという視点に立つ限り、大量生産、大量消費、大量汚染、そして過剰競争社会にならざるを得ません。豊かとは何かという視点を変えない限り、このサイクルはどんどん進むでしょうし、いま現に地球を汚染し、問題になっているわけです。それでもまだCO_2の削減は「景気を悪くする」といって、実効ある方法が取られていません。そんな風潮、価値観に対して〝ママチャリ〟という下駄がわりの自転車でも立派に日本一周くらいできるんだ、というところを見せたかった。これが、あえて〝ママチャリ〟で旅に出た理由といえるかもしれません。

　私は、自転車旅行は今回が初めてです。野宿も経験がありませんでした。自転車も妻が乗らなくなって物置きで錆びていたものを引っ張り出し、私の体格に合わせてハンドルのステーを長くしたり、後ろに荷物をつめるようにキャリーを付けたり、スピードより登坂力重視のため、リアのギア比を大きくした程度の改造でした。フロントには籐の籠がそのまま付いていますから、前から見たら近所のおっさんが、かみさんの自転車で買い物にでも出かけているとしか見えないかもしれません。

　出発するまでに、東京の勝どきから神奈川の葉山まで十往復くらい、東京湾を二周、あとはときどき山手線をぐるっと回った程度で、それでも一日六〇～七〇キロぐらいの走行なら続けられると思いました。現在五ヵ月で、九千キロほどを自分の足で回って来ました。やればできるものです。持ち物も、旅をしながら必要なものは買い、使わなかったものはゆうパックで送り返し、臨機応変に対処しています。その場その場で学んでいくのです。そしてそれが、非日常的な旅の醍醐味なのでしょう。

　この私の旅を支えてくれているママチャリに、私は無鉄砲な主人に突き合わされたドン・キホーテの愛馬「ロシナンテ」の名前をもらってやりました。

【平野二郎　ひらの・じろう】
1941年神奈川県生まれ。71年から2001年まで広告会社を経営。今年退き、日本一周に旅立つ。Macintoshとpainterにて作画活動を続け、“なごみ”の風景を求めてあちこち徘徊している。全国町並み保存連名会員。今回の旅の様子をホームページで公開。
http://www5.ocn.ne.jp/~h-jiro/

レンタサイクルで新しい街づくり 1

——東京・練馬の「コミュニティサイクルシステム」

観光地などで人気のレンタサイクルが、新しい都市交通システムの旗手として大きく注目され始めた。

国土交通省は平成十年度末に、都市での日常的な交通手段として、自転車利用の促進を図るために、全国十九都市を「自転車利用環境整備モデル都市」として指定している。その一つであり、積極的な整備に取り組んでいる東京・練馬区の例を紹介しよう。

練馬区は、約三十年前から人口が急激に増加し、現在は約六十五万人となっている。それに伴って自転車の利用も、五倍以上に増加。区内の交通事情や、平坦な地形という地域性から、いまや自転車は区民一人に一台の割合で普及している。こうした自転車利用の急増は、当然のように駅前や路上での放置自転車も増加させ、大きな社会問題ともなっている。

そこで、同区では自転車を電車やバスと同様に都市交通の一つとして考え、「交通需要管理」、「自転車の適正利用の促進」、「レンタサイクル」を三本柱として、さまざまな対策を実施している。なかでも「ねりまタウンサイクル(レンタサイクル)」は、同区が最も力を入れているものだ。

これは自転車と駐輪場を合わせて貸し出すもので、駅と自宅または通勤・通学先への足として使われている。一九八九年から実施されており、現在区内の六施設で約二二五〇台が貸し出されている。

レンタサイクルが収容されている駐輪施設は、エレベーターを使った立体機械式になっており、すべてコンピューターで制御されている。そのため、利用者はカードを差し込むだけで出し入れでき、しかも二十四時間いつでも利用できる。利用料金も、定期利用一ヵ月二千七百円(一般)、二千円(学生)、当日利用三百円と手ごろだ。また、これとは別に屋根付自転車駐輪場を、月二千円で借りることもできる。

一見、これまでの貸し自転車をシステム化しただけのように思えるが、そのメリットは意外に大きい。

まず、駐輪場での出し入れ時間が短くなった。施設はすべて自動機械式のため、十秒から最大三十秒で出し入れが完了してしまう。これなら朝夕の混雑時でも、長時間待たされる煩わしさがない。

また、レンタサイクルだから、一台の自転車を多くの人が利用することができる。自宅から駅まで乗って来る人と、駅から会社や学校などへ行く人の二人以上が、同じ自転車を使えることになり、より有効活用できるわけである。

しかも、自転車を共有利用するため、自転車の実質的な利用台数を減

COLUMN

らすことなく、駅などへの乗入れ台数を少なくすることができ、その結果、放置自転車を減らすことになる。さらに、レンタサイクルは立体式の駐輪施設で管理されるから、土地を有効利用でき、従来の駐輪場に空きスペースを作ることができる。これがまた、放置自転車を減少させることにつながるのである。

　その一方、練馬区では撤去した放置自転車のリサイクルにも力を入れている。引き取り手のない放置自転車のなかから、リサイクル可能なものを選び、区内の自転車商協同組合の協力を得て、区内福祉作業所に通っている障害者に修理と清掃を委託し、協力店で販売するというものだ。販売協力店は約五十軒あり、車種は街乗り用自転車のみだが、価格は一万円以下と格安である。

　同区の「レンタサイクルシステム」は、いまのところ借りた施設に返却しなければならないが、今後は区内の全八駅九施設のサイクルポートを整備し、どの施設でも自由に乗り捨て利用ができるように、各ポート間のネットワーク化を図っていく予定だ。そうなると、レンタサイクルの利用は点と線から面へと広がり、練馬区が推進しようとしている「コミュニティサイクルシステム」がより現実的なものとなってくる。

自転車でボランティア活動
タンデム車で
視覚障害者とサイクリング

東京サイクリング協会
会員
佐伯正治
さん

二人乗り用の自転車で、視覚障害者とサイクリングを楽しむボランティア活動。自転車の持つ、さまざまな可能性のひとつがそこにある。

タンデム車って何?

　皆さんは、タンデム車という二人乗り用の自転車をご存知でしょうか。普通の自転車と同じように車輪は二つですが、ハンドルとサドルも二つ、ペダルも二組ある、全長も少し長めの自転車です。遊園地や観光地、サイクルスポーツセンター、テレビのコマーシャルなどで見かけたことがあると思います。

　このタンデム車で、視覚障害者の方と一緒にサイクリングを楽しむ、そんな集まりに私が参加するようになって、三年になります。

　二人乗り自転車の前のサドルに私が乗り、後ろのサドルには視覚障害者の方が乗ります。後ろのサドルに腰をかけてペダルを踏めば、普通に自転車に乗っているのと同じように、風を切って走るサイクリングの爽快感を味わえるのです。普通の自転車の荷台に乗って二人乗りをすれば違反です。でも、タンデム車は、条例で許可された道路なら二人で乗って走ることが認められています。

　こんなふうに自転車で二人乗りして公道を走れるタンデム車の特徴を生かして、財団法人日本サイクリング協会が「視覚障害者とタンデムを楽しむ集い」という催しを、東京都内の神宮外苑サイクリング道路や皇居のパレスサイクリング道路を利用して、年に四、五回行なっています。今年もすでに四月、七月、九月に実施されましたが、私もこの集いに参加して、趣味のサイクリングをボランティアに生かしているというわけです。

ボランティアを楽しむ佐伯さん（前席）

　誰かの、あるいは社会の役に立てるといっても、ほかの方法だったら構えてしまったかもしれません。でも、好きなことを通じてだから、気軽に参加できたのでしょう。

なぜボランティアに参加したか

　私はもともと自転車が大好きでした。二十代のころには自転車で日本一周をしたこともあります。でも、社会に出てしまうと仕事に追われる毎日で、自転車でサイクリングを楽しむゆとりなどありませんでした。

　すっかり自転車から遠ざかっていたのですが、十年前に結婚したのを

夫婦で走った「ツール・ド 秩父」

きっかけに、しばらくぶりで自転車に乗り始めました。それというのも、妻も自転車が好きだったからです。

彼女は自宅のある東京都の府中市内から勤務先の八王子市内まで、往復で四十キロくらいある距離を自転車で通うほどの自転車愛好者です。結婚して子どもが生まれるまでの二年間ですが、自転車通勤を楽しんでいました。

そんな彼女に刺激されるようにして再び自転車に乗り始めた私は、三年前に東京サイクリング協会に入会し、協会の認定資格であるインストラクター三級の資格を得ました。

パンク修理をはじめとする自転車のメンテナンス方法や構造、走り方などをきちんと学びたいと思い、協会の講習を受講したことがきっかけです。このときに、「視覚障害者とタンデムを楽しむ集い」で、趣味のサイクリングを生かしてボランティアできることを知って、始めることにしました。

阪神・淡路大震災のときにテレビなどで見た、自転車を使ってボランティアをしている人たちの姿が脳裏に焼き付いていたことと、妻が結婚前に、交通事故で生死をさまようほどの大怪我をしていたことが、私の気持ちを決めてくれました。

「車椅子で生活できるところまで回復できれば、御の字だ」とまで言われていた妻が、自転車に乗ってサイクリングを楽しめるまでになれた。お世話をしてくれた周囲の人にも、医学にも感謝しています。「生かしてもらっている」との気持ち、恩返しをしたいとの考えもあって、妻と二人でこのボランティアを始めました。

どうやってタンデムを楽しむか

「視覚障害者とタンデムを楽しむ集い」に初めて参加したとき、先輩のみなさんから、「普段の生活の中で、風を切ることのない方たちなので、走行中はなるべく話しかけるようにしてください。彼らは声や音を通して、周辺の状況や車間距離、風景を知ることになりますから。安心することではじめて、自転車で風を切る爽快感を楽しむゆとりが生まれるのです」とアドバイスされました。

私としては、視覚障害者とタンデム車に乗って、事故なく、うまく走れるのか不安でいっぱいだったのです。ですから、「声をかける」というのは具体的なヒントがとっても参考になりました。

実際に、視覚障害者の方と一緒にタンデム車に乗って実感したことは、後ろに乗っている方は、私の声の案内を信頼してくれているのだな、ということです。止まったり、加速したりするときに声をかけると、身を任せてくれます(任せざるを得えないのかもしれませんが)。怖がることもありません(我慢してくださっているのかも)。ですから私は、安心して、ハンドルを握っていられました。

参加している視覚障害者の方は毎回十名くらい。ほとんどが女性です。というのも男性の場合、マッサージや鍼灸のお仕事をされている方が多く、平日よりも日曜日のほうが仕事が忙しくなってしまい、参加が難しくなるのだそうです。

一方、ボランティアの仲間は、毎回二十人くらい集まっています。逆にこちらは男性が多いのです。

さて、私が参加している催しでは、往復三キロほどのコースを二、三周するというものです。午前十時に始まり、お昼ごろまで、参加者の皆さんに自転車に乗る楽しみを味わってもらいます。

決まりきったコースですが、「右足からペダルを踏みます」のことばで始まって、「赤信号です。止まります」「右に曲がります」と声をかけながら、二人三脚でペダルを踏むわけです。先ほども述べましたが、皆さんこちらを信頼して、気持ち良く動きを合わせてくれます。

一方、初めての方の場合は、恐怖感も手伝ってのことでしょうが、嫌そうな顔でスタートすることもあります。でも自転車を降りるときには、すっきりした顔になっているんです。自転車から降りるときに「ありがとうございます」なんて、にこにこしながら言われると、私もうれしくなってしまいます。

往復三キロのコースを終えて自転車を停めると「えーっ、もう終わりなの。もう一回乗せて」と、返ってくることばはみなさん同じですね。なかには六往復もする方もいるんですよ。視覚を失った方が、自転車で走って味わう爽快感を、どれほど楽しみに待っていたのか。そんなことを思うと、額に汗を浮かべながらペダルを踏んで、「今日は、晴れてよかったですね」なんて声をかけるんです。そして、ボランティアに来てよかったと、何度も自分の気持ちを確認しながら「はーい。ゴールです。ゆっくりブレーキをかけて左足で着地です」で終わります。

それに、走っている最中に「いま、太陽に向かって走っているでしょう」

なんて話しかけられることがあります。「どうして」と聞いてみると、「カーブした後から、頬が温かくなったから、太陽に向かって走っているのがわかる」と言うんです。日陰と日向はもちろん、走る方向で陽のぬくもりの感じ方は異なるんですね。また、自然に吹いてくる風と、自転車で風を切るのとでは明らかな違いがあることも、このボランティアをするようになって初めて教えられました。

　また、参加者は、以前は目が見えていたけれども、糖尿病や事故で視覚を失った中途失明者が多いんです。なかでもほとんどの人が糖尿病で失明しています。そうした人で、点字をあまりマスターしていない方にとっては声が情報源なんです。生まれたときから視覚に障害のある人たちは、点字でのコミュニケーションや情報に触れることに習熟しています。そんなギャップがあって、生まれたときから視覚に障害のある方たちとのつき合いもあまりないようです。

　だからこそ、視覚を失う前のように自分の力で動き回れるサイクリングを、とても楽しみにしているんです。あれもできない、これもできないと失望していた人たちが、サイクリングを楽しめたことが自信になって、新しいことにチャレンジするエネルギーにしてくれるといいですね。

　ところで、タンデム車でのサイクリングを楽しみに来る人たちは、視覚障害者といっても明かりを感じられる人も多いんです。全盲の方ばかりではありません。だから、すぐ側を走るほかの自転車の存在に気がついて、お互いに乗りながら挨拶を交わすこともあります。レース気分で接近したり、競争して、ハラハラ、ドキドキすることもありますね。そんなスリリングな場面では、サイクリングとは違った自転車の面白さを体験してもらえます。楽しければ、また来てくれるでしょう。ぜひ、そうなってほしいですね。

ボランティアの喜び

ところで私たちの多くは、視覚障害者の方と普段の生活で接する機会があまりありません。私は、この催しに何度参加しても、そのたびに皆さんとどういうふうに接したらいいのかと、いつも考えてしまいます。相手の方がこの前も来て下さった方だと、同じ話題をするわけにもいきません。どういう話題で接したらいいのか。そんなことも考えてボランティアに参加しています。

　けれど、障害があってもチャレンジ精神というか、自分自身の可能性を広げて、積極的な気持ちを持って生きている、そんな人々に出会うと、私も、自分の可能性が広がっていくような気持ちにさせてもらえます。それが本当に嬉しいですね。

ボランティアの大先輩の一人に、八十代の男性がいます。彼は荒川区にある自宅から「視覚障害者とタンデムを楽しむ集い」の会場（神宮外苑）まで自転車で通っています。

　会場で、後ろのサドルに視覚障害者の方を乗せて自転車のペダルを踏んでも、ハンドルはしっかりと方向をとらえています。ペダルを踏む力も立派なものです。それにさすが年の功です。タンデム車を楽しみにくる四十代の女性たちとの会話が、いつも弾んでいます。

　私も彼と同じような年齢になるまで、自転車を利用したボランティアを続けたいと願っています。八十歳を超えても、自転車に乗って体を動かしてライフワークに取り組む姿は、私の目標であり、夢なのです。

2001年9月30日に開催された「ツール・ド 秩父」。スタート地点で

自転車のもうひとつの夢

　ところで、自転車の専門雑誌に『サイクルスポーツ』という月刊誌があります。私はこの雑誌の読者投稿欄を利用して、二年前にサイクリングを楽しむサークルをつくろうと呼びかけました。

　こうして誕生したのがサイクリングクラブ「とまりぎ」です。いまのところメンバーは十名くらいですが、毎月一回、土曜日を利用した日帰りのサイクリングで、近郊に出かけることを活動の中心にしています。またこのクラブでは毎年、埼玉県の秩父地方で実施されている「ツール・ド秩父」にみんなで出場することにしています。

　「視覚障害者とタンデムを楽しむ集い」に妻と一緒に参加するときには、二歳の息子を交代で子守りしながら、タンデム車でのサイクリングを楽しんでいます。「ツール・ド秩父」には、いまは夫婦二人で参加していますが、いつの日か、家族三人で出場したいですね。これが、自転車で叶えたいもう一つの夢です。（談）

【佐伯正治　さえき・しょうじ】
　1953年東京都生まれ。東京サイクリング協会会員。サイクリングクラブ「とまりぎ」の代表を務める。夫婦で自転車を楽しむサイクリスト。

【視覚障害者と
　タンデムを楽しむ集い】
●問い合わせ
東京都サイクリング協会
電話03-3541-6540

取材・構成：長澤法隆

障害者用自転車の開発

実用一歩手前まできた多様な機種

歩行機能の劣ってきた高齢者が、その運動不足を解消したり、公園などで野外散歩を楽しむためには、介助者による何らかの手助けが必要となる。

もちろん高齢者ばかりではなく、障害のある子どもたちにも、家族や友人の介助が必要だが、そんな彼らが、たとえば一緒にサイクリングでも楽しむことができれば、どれほどの喜びを与えられることか……。

そうした発想から、自転車産業振興協会技術研究所では、ここ数年「トランスポートビークル」と称する用具の開発に取り組んできた。

トランスポートビークルとは、いわゆる車イスと自転車とをドッキングさせたもので、前の車イスに高齢者や障害者を乗せ、後ろの駆動ユニットに介助者が乗って走る乗り物だ。もともとは障害児を持つ母親のニーズに応えて開発を始め、数キロ程度の中距離を移動できるようにつくられている。飲食店内などでの使用も考えて、駆動ユニット部分は車イスの下部に収納できるようになっており、自操の車イスとしても使えるほか、車イスと駆動ユニットは工具なしで分解できるのが特長だ。

いまのところはまだ開発段階で、製品化はされていないが、財団法人の都市緑化技術開発機構が募集した「ユニバーサル施設・用具開発調査業務」に採用されている。

この事業は、都市公園などのレクリエーション空間で、高齢者や障害者が健常者とともにその場を楽しめるよう、必要な機能を備えた用具を、広く全国に紹介し、都市緑化空間の利用をさらに推進しようというもの。平成十一年度には、北は北海道から南は兵庫までの全国六ヵ所の公園に、合計十四台のトランスポートビークルを供与し、モニターを開始している。そのうち東京・立川市にある昭和記念公園では、介助ボランティアの試乗会も実施して、積極的にモニターの反応を確かめているところだ。

これまでのところ、広い公園では車イスを押して歩くより楽で、早く長い距離を移動できる上、施設内の移動や上り坂などでは、駆動ユニットを車イス下部に収納して押せるので便利だと、介助者側の評判は上々だった。

●

ところで、自転車産業振興協会の技術研究所では、このほかにも「障害児の遊び」と「障害児の移動」をコンセプトにした乗り物の試作開発を行なっている。

一つは、障害を持つ子が遊びながら自分の力で思い切り移動できるようにと考えられた「プレイビークル」。両手でクランクを回して駆動

COLUMN

と方向転換を行なうので、十分にコントロールできなくても、面白い動きになる楽しい乗り物である。

もう一つは、三輪のアームサイクル。上肢駆動型自転車で、上肢の健常な障害者が、中距離のサイクリングを楽しむことができる乗り物として開発された。

これにはクランクタイプとレバータイプがあり、ともに走行性は比較的良好で、最高速度を時速二〇キロ近く出すことができた。体への負担も、時速一〇キロで走行した場合で心拍数一〇〇程度とあって、車イス以上に爽快な走行ができることが実証されている。

障害者用自転車については、それだけではなく、二輪タイプのアームサイクルが研究開発されたことによって、いまでは障害者も健常者同様に二輪走行が可能になっていることを特筆しなければならないだろう。

この二輪車には、アームサイクル横の左右補助輪を引き上げて二輪走行する「補助輪上下式」と、三輪のうち左右開閉機能を持つ後輪を閉じて、擬似的な二輪走行をする「後輪開閉式」とがある。

障害者による二輪アームサイクルの試乗試験を実施したところ、四輪での停止状態から二輪走行への移行や旋回走行、そして制動まで、いずれもスムーズに行なわれた。スピードも、直進コースでは時速二〇キロ近くまで出せたという。

これらを見てもわかるように、障害者用自転車の研究開発は、いまや実用化の一歩手前まで来ている。これらの乗り物が製品化され、介助者と障害者がともにアクティブライフを過ごせるようになる日も、そう遠くはないだろう。

日本の高齢化社会の本格的な到来を睨んだこのような開発の動きは、自転車メーカーをはじめとするさまざまな機械メーカーや、福祉産業、大学の研究者や技術者たちがそれぞれの立場から独自に進めてもいる。

これらの製品化に当たっての今後の最大の課題は、技術の向上・完成に加えて、製品価格の低減化を図ることではなかろうか。

考えてみれば、高齢化社会というのは、じつは障害者社会のこと。これらの動きは社会の要請に応える、当然の動きなのだろう。

レンタル自転車駐輪機で
放置自転車をなくそう！

レンタサイクル高槻の外観

（株）リード社長
石田晶二さん

駅前の放置自転車が気になって、駐輪機をつくってしまった人がいる。13年間の試行錯誤の末、ようやく完成した駐輪機の誕生秘話――。

ある洗濯屋の夢

　私の夢は、全国各地の鉄道駅などにレンタサイクル駐輪場をつくることです。同じ系列の駐輪場の間で、気軽に自転車の乗り捨てができるシステムにしたいと考えています。この夢が実現すれば、駅周辺の不法駐輪が減り、年間に何百億円もの税金が使われている、全国の放置自転車問題の解決にも一役買えるはずです。レンタサイクルの環境が整い、市民がもっと自転車を利用するようになれば、CO_2の削減にもつながって地球環境にも少しは貢献できるでしょう。

　こういうことを考えて私はいま、安くて故障が少ない駐輪機の開発や、適正なランニングコストで運営できるレンタサイクル会社のシステム作りに取り組んでいるのです。

　もっとも私は技術者ではありません。(株)リードというリネンサプライの会社を営んでいる、六十七歳の〝洗濯屋〟です。タクシーの座席のシートカバーをリースする会社ですが、二十四年間も料金を値上げしなかったので、全国にマーケットを広げることができました。私は機械づくりが大好きで、趣味がこうじて、クリーニング工程の無人化や、アイロン不要乾燥機の開発に挑戦し、幸いそれらが成功したおかげで、低料金を維持できたというわけです。

　こんな私がレンタサイクル駐輪場をつくろうと思い立ったのは、一九八九年ごろのこと。駅周辺に乱雑に置かれている自転車が、どうにも気にかかるようになったのです。放置自転車の問題はそれ以前からもあったはずですが、なにぶん本業のことで頭が一杯で、そうした状況は横目で見過ごしてきました。しかし五十五歳を数え、人生後半の生き方を考えたときに、「何か社会の役に立つことがしたい……。そうだ、この放置自転車をなくす方法はないものか」と考えるようになったのです。

　この発想の飛躍を「唐突だなぁ」と思われるかもしれませんが、放置自転車は、私たちが日ごろの暮らしで実感できる、とても身近な社会問題だと思います。

レンタル自転車を備えた「駐輪機」づくりを発案する

　そこで私はまず、駅前にある自転車預かり所を見て回りました。お年寄りが細々と営んでいるところが大半で、地価の高い駅周辺だけに、だんだん消えていくのではないかという印象を受けたのです。一方でそのころから、行政が大型の駐輪場を建設するようになり、機械式の駐輪機が導入され始めていました。たとえば埼玉県春日部市では、ある大手機械メーカーの駐輪機が、この十年間使われています。ところがそれも、来年(二〇〇二年)には自走式の駐輪場に建て替えられるようです。機械式はコストが高くつくからなのでしょう。

　こうして駐輪場の実情を調べると、安定した駐輪場運営を確立するためには、たとえばマンション経営よりも経済効率のよいシステムを確立し、効果的な駅前土地利用を提案しなければ不可能だと考えるに至りました。そして思案の結果、狭い土地でも高い効率での運営を可能にするには、機械式駐輪場しかないという結論に達したのです。

　いまも世の中の流れは、コストがかかる機械式駐輪場を廃止して、自走式駐輪場に転換しようというものです。それを覆すためには、安くて故障が少ない駐輪機を新たに開発する必要があります。また、駐輪処理のスピードも重要です。狭い土地に高い建物を作って駐輪場にする場合、自転車の出し入れに時間がかかります。クルマの立体駐車場を利用したときに、時間がかかってイライラしたことはないでしょうか。朝夕のラッシュ時に、自転車を悠長に出し入れしていては非現実的です。機械式を実現する上で、この問題は避けては通れないものでした。そこで思いついたのが、「レンタル自転車を備えた駐輪機」という発想なのです。

(株)リードの開発ショールーム

　レンタサイクルなら、受け取りに来たお客さんの自転車をわざわざ探し出して、取り出す必要はありません。いちばん近いところにある自転車を、どんどん渡せばいいわけです。

　こうしたアイデアに基づいて、私は十三年前に、駐輪機の開発と、レンタサイクル事業の準備に取りかかりました。

素人が駐輪機開発に取り組む

　駐輪機の開発にあたって、最初に大きなポイントだと考えたのが、朝夕のラッシュアワーに耐えうるシステムの考案です。とくに朝六時半から九時までの二時間半、自転車の集中はすさまじいものがあります。この時間帯であっても「収容台数の八〇パーセントが稼働できる」という条件設定で、計画をスタートしました。ところで、こういう機械の開発は専門業者に依頼するのが一般的ですが、今回は条件が過酷な上に、開発予算が少ないために外注はできません。それで、「素人だが、自分でつくってみよう」と決めました。かつてクリーニングを無人化したときの体験で、いきなり専門家に頼むより素人の発想で創ってみて、それをプロに改良してもらうほうが効率的で良い製品になると実感したからです。

　さて、設計・製作に取り掛かるにあたり、「メリーゴーランド方式」と「エレベーター方式」を候補に選び、試作と検討を重ねました。その結果、故障を想定しなければならない箇所が少ないのはメリーゴーランド方式でしたが、自転車を格納できる台数、つまり容積率で見るとエレベーター方式の方が優れていることがわかりました。故障の面は、技術的改良で改善の余地がありますが、容積率はいかんともし難いと判断し、エレベーター方式での開発に取りかかることにしたのです。この方式はその名の通り、立体駐輪場の各フロアに自転車を格納し、エレベーターで出し入れするというものです。

　縦四メートル、横四メートル、高さ十二メートルの実験塔を当社の空き地に建て、失敗と工夫を何回も重ねて第一号機を試作しました。ところがどうしても理想に近づけなかったのが、エレベーターのスピードアップ。スピードを増せば増すほど、機械のコストがあがり、安全面でも不安が生じてしまうのです。

エレベーターとスタンバイゾーン

　困り果てて、ついに思いついたのが「スタンバイゾーン」というアイデアです。自転車をお客から受け取って、すぐに直接エレベーターに載せるのではなく、受け渡しする場所（窓口）とエレベーターとの間にスタンバイゾーン（待ち空間）を設けることで、エレベーターが動いている間の無駄な時間を、ゼロにしようという考えです。

　窓口からスタンバイゾーンに入れられた自転車は、五台分がそこに溜まって待機し、五台が溜まるまでの時間に、エレベーターは先着の五台を格納していきます。そして空になって戻ってきたエレベーターに、待機中の五台を移します。このアイデアで当社は特許を取りました。このスタンバイ方式を完成させたことで自転車の入庫に要する時間は一台あたり二～三秒へと短縮できました。出庫に要する時間は十秒ほどです。

　次は格納ゾーンの開発です。格納ゾーンでは、より多くの自転車を詰め込めることが大切です。そこで、一列に並んだ自転車の隙間に、もう一列を並べることにしました。その際、ハンドル部分が重ならないよう、前後にずらす必要がありますが、そ

苦労してつくり上げた駐輪機の内部

のための駆動方法が大変に難しいのです。人の手でずらすのは簡単ですが、それを機械でやろうというのですから……。しかしここで、メリーゴーランド方式の試作で開発した駆動方法が役に立ちました。紆余曲折は無駄ではなかったのです。

　こうした経過を経て、やっと実験用のモデル駐輪機を当社の敷地内に建設できたのは一九九五年のことです。三階建ての複合建築物で、一階は倉庫、二階は開発事務所、三階は展示場にしました。そこで無人運転の耐久実験を一年間ほど続け、スタンバイゾーンからエレベーターへの積み込み、エレベーターの上昇下降、格納ゾーンへの収納など、どの程度の耐久性があるのか、といったテストを重ねたのです。

足で探した駅前の土地

　こうして目処がたった駐輪機をもって、私は、この機械とレンタサイクルのPRを始めました。行政機関にも行きました。鉄道会社も訪ねました。しかし、商談はなかなか進みません。理解してもらうには、社会的貢献度だけでなく、「儲かる」事業であることを実証しなければならないのです。ここで新たな決心をしました。レンタサイクル駐輪場を自ら経営し、証明することです。

　そのための第一歩は、駅前の土地探しでした。当時はバブル景気が終わったとはいえ、駅前の一等地です。しかも、①鉄道駅に近いこと　②自転車がたくさん集まっても交通の妨げにならないこと　③間口と奥行きの比率が三対一から四対一であること　④建築基準法で高さ二〇メートルほどの建築が許されること－という厳しい条件をつけたので、なかなか良い土地が見つかりません。

　地図を持って、いくつかの都市へ土地を探しに出かけ、歩き廻りましたが、候補物件に出合えるまでには、二年の月日が経っていました。

実用化に向けた実験的な開業

　土地は決まりました。さぁ、いよいよ現地での組み立て工事です。工場内で組み立てのリハーサルを入念に行なってきましたが、難しい仕事になることは覚悟していました。たとえば、エレベーター部分は高さ二〇メートルの吹き抜けですから、そのあまりの高さにスタッフが逃げ腰になりました。「誰が組み立てるのですか?」との問いに、「われわれが組み立てるのだ」と答えると、辞職を言い出す者も出ました。しかし、設計した本人が自から率先して工事にあたることで、多くのノウハウが習得でき、より良い機械に仕上げることができます。

リハーサルができなかった作業では大変に緊張しました。たとえば、格納用の駆動部材を搬入して取り付ける仕事です。場所が狭い上に部材が重く、しかも取り付け箇所が多いので大変な作業になりました。また、三〇メートルもの長さのベルトを連続して接合する作業です。百九十本ものベルトを接合しなければなりません。メーカーも「経験がない」と言っていました。それを私たちスタッフだけで仕上げました。

こうして二ヵ月ほど苦労した後、現地から、「目途が立ちません」との報告が私に届きました。高さ二〇メートルの場所に、三百二十箇所の接続作業があるのですが、その許容誤差がわずか〇・五ミリという大変に厳しい作業だったからです。データを採ったところ、高さ二〇メートルの地点で一一ミリほど傾いていることがわかりました。そこで矯正用の部材を製作して取り付け、傾きを徐々に調整していきました。これはその後の貴重なノウハウになりました。

さらにコンピューターソフトにも難点が出ました。この機械は、お客の会員証を読み取る五台のカードリーダーを、一台のコンピューターが管理するようになっていました。自転車の借り出しから会員証の返却までの時間を三・五秒に設定して準備しましたが、試験運転で七秒もかかったのです。その四秒の差は、お客にとっては待ちづらい時間です。こんなに時間がかかったのでは、この機械の価値は半減です。ソフト開発者に対応を迫っても、「信号を読み取る時間があるから、どうにもならない」とのすげない返事です。そこで、私がフローチャートを書いてソフトに反映してもらいました。すると所

レンタサイクル駐輪機の開発者、石田氏

要時間が当初設定の三～四秒になったのです。専門家の判断をそのまま受け入れていたら、そこで終わっていました。最後まであきらめないで本当に良かったと思います。

　こうして二〇〇一年の五月、ＪＲ高槻駅（大阪府）の近くに、レンタサイクル駐輪場を建て、営業を始めることができました。

　この営業の目的は、私たちの開発した新しい機械が円滑に動くことをチェックし、さらに「儲かる」駐輪場であることを確かめることにあります。この駐輪機はこれまでの機種に比べて、かなり安く作ることができます。自転車一台当たりで比べると、従来の駐輪機の二分の一ほどの費用でつくれるのです。

　レンタサイクルですから、一ヵ月の利用料金を決めなければなりません。その目安として、自転車預かり所と同じ料金か、それより安い料金であれば、利用者が多く来てくれると考えました。データなどに基づいてその金額を月に二千円と設定しましたが、この駐輪機なら、収支を簡単に試算してみても、「いける！」との見通しが得られます。まだ営業して間もないのですが、これから経営体験を蓄積して、その成果を公開したいと考えています。

晩年を社会に役立てるために

十三年前に私の〝趣味〟で始めた開発でしたが、本業のスタッフには、兼務で協力してもらい、苦労をかけました。途中からは専従スタッフを一人二人と増やして、何とかここまでやってきました。この間、一つの問題を解決すると、また別の問題が出てくるといった苦労はありましたが、一歩ずつ進んで、先が見えてくることは、生き甲斐とも言える楽しみでもありました。

　私は、レンタサイクルを求める需要はあると思っています。安価な駐輪機が登場し、駐輪場経営が採算のとれる仕事になれば、市当局、鉄道会社、駅周辺の地主の方々から賛同が得られ、レンタサイクル駐輪場が普及する第一歩になるはずです。これが多くの鉄道駅にできて、ネットワークでつながれば、どこでも、いつでも、自転車を乗り継いで行けるようになります。「乗り捨て自由な短距離用の交通システム」です。そうなれば自転車の放置は激減するでしょうし、高齢者に新しい職場も提供できると思います。

【石田晶二　いしだ・しょうじ】
　1934年愛知県蒲郡市生まれ。中学卒業後、大工見習いを経てクリーニング店に入り、のち独立開業。一方でニット仕上げ機やアイロン不要乾燥機の開発に取り組み、事業化に成功。88年から自転車駐輪機開発に当たり、01年5月「レンタサイクル高槻」をJR高槻駅にオープン。現在シートカバーリース業の㈱リード社長のかたわら、愛知県内を中心に講演活動などを行なっている。

レンタサイクルで新しい街づくり 2

買い物に、通勤・通学に、観光に……どうぞ

環境保護や交通渋滞緩和などを目的に、全国各地でレンタサイクルの導入が進められているが、自治体だけでなく商店会や企業などが行なうところが出てきている。

静岡県清水市のJR清水駅前銀座商店街振興組合では、買い物客の利便性向上を目的にレンタル自転車を始めた。用意した自転車は二十台。そのほかに電動カート四台、車イス四台を用意して、タウンモビリティ実験を開始した。使いたい人は自転車に付いている店の表示を見て、その店に申し込む。買い物がしやすいように通路も広くした。

観光地などでのレンタル自転車は多いが、商店街が単独で自転車を貸し出す例はあまりない。同組合では「商店街を、クルマがなくても便利な町にするための拠点にしたい」と話している。

阪急電鉄では、通勤や通学に利用してもらおうと、神戸線西宮北口駅、宝塚線岡町駅、京都線桂駅、宝塚線三国駅の四ヵ所でレンタサイクルを行なっている。自転車を買う必要がない、駐輪場を確保する必要がない、メンテナンスをする必要がない、というメリットを掲げてPRしている。自転車の色は三色から選べ、サドルの高さも二種類用意されている。

料金は、一日一回利用だと三百円。一ヵ月定期利用は二千円から二千五百円で、三ヵ月定期利用もある。電鉄直営だから、場所は駅の目の前だし、気軽に利用できると評判だ。

一方、〝宿泊先、駅、自宅など、どこへでも自転車を配達します〟とユニークなレンタサイクルを行なっているのが、京都市の「デリバイク」だ。

細い路地や一方通行が多い京都では、自転車が最高の移動手段。交通渋滞や乗り継ぎ時間を気にすることなく、思う存分、自分のペースで京都の魅力を堪能できるというわけだ。しかも、京都市内ならどこにでも、電話一本で自転車を持って来てくれるというのが便利だ。

自転車はかご、泥よけ付きのシティサイクルで、三段変速と軽量フレームで快適な走行が楽しめる。料金は一日千円で、午後三時以降なら五百円になる。何とこのデリバイク、借りるのが便利なら、返すのも便利で、回収料金の五百円を払えば、好きな場所でロックをかけて置いておくだけでいい、乗り捨てシステムになっているのだ。

京都観光の心強い見方、便利な足として、観光客の注目と人気を集めている。

市民活動で自転車の環境向上を目指す

自転車向上委員会
代表
村井裕
さん

静岡の市民グループが、市場主義ではなく「使場主義」で提案する、自転車を活かしたまちづくりとは。

自転車向上委員会の誕生

「自転車向上委員会」は一九九八年十一月に、静岡市国際・女性政策課主催のまちづくり人材養成講座「ヒューマンカレッジ4期生」が母体となって立ち上がった市民グループです。この講座の研修で、ドイツの環境首都と言われるフライブルグやスイスのバーゼル、オランダのアムステルダムなどを訪問しました。そこでは、歩く人、バス、路面電車、クルマ、そして自転車が仲良く共存していたのです。振り返って静岡の街を考えたとき、「このままクルマ中心の交通システムを進めていくことが、果たして豊かなことだろうか？」と思ったことが、会発足のそもそものきっかけです。

静岡市は県中部に位置し、東は竜爪山山系、有度山によって清水市に、西は高草山山系によって焼津市、藤枝市などに、北は山梨県及び長野県に、南は駿河湾に臨んでいます。市域は一一四六・三キロ平方に達し、全国第二位の市域面積を誇ります。市域の約九割を山地が占め、平坦地は八〇・〇キロ平方にすぎず、最高海抜は三一八九メートルで市域の七二・四パーセントが標高四百メートル以上です。

静岡市の人口は四十七万人ですが、自転車の利用台数は五十二万台とも言われています。自転車が多い理由としては、坂が少ないこと、冬も温暖で風の強い日が少ないこと、そして中心市街地が商店街を中心にコンパクトにまとまった街であることがあげられます。公共の交通手段としてはバスと電車がありますが、JR一路線、私鉄一路線のみ、バスは本数や時刻表の信頼性で不適切な面があることも自転車の台数に反映しているかもしれません。

京都会議以降、地球温暖化対策推進大綱のライフスタイル見直しの項目に自転車が取り上げられたことから、クルマから自転車へのモーダルシフトが叫ばれ始めました。ところが私たちの街、静岡市はすでにたくさんの人が自転車に乗っていました。にもかかわらず利用しにくく、みんながどこかで不便や不満や気持ち悪さを感じているのに、「仕方がないと思っている」という状況にありました。

ヨーロッパの研修で、みんなが気持ち良く移動している事実を見てきた私たちは、私たちの街を、もっと住みやすく豊かな街にするために、自転車をキーワードに考える会をつくろうということになったのです。

現在の会の目的は「自転車を通じて調和のとれた環境と優しさあふれる人と街を創造する」、ひと言でユニバーサル・モビリティと表現しています。平成十三年十月現在、会員は六十名余りとなっています。

研究活動やイベントをとおして

いままでの活動は「自転車を活かしたまちづくりの研究」と「自転車を使ったイベントの研究」との大きく二つに分けられます。

具体的なまちづくりの研究としては、①『自転車とまちづくり』の著者であり、本書の監修者でもある九州東海大学の渡辺千賀恵先生を招き、「自転車をめぐる最近の情況と展望」というタイトルで勉強会を主催。②「大道芸ワールドカップin静岡」チーフプロデューサーの甲賀雅章氏を招いて講演会の開催。③自転車ジャーナリストの土屋朋子さんを招いて三回連続の勉強会の実施——などを重ねてきました。

イベントとしては、①アースデイ静岡に二年連続参加し、「REサイクル・ペインティング（古い自転車をレストアしてペインティングして蘇らせること）」と、ユニバーサルデザインの自転車の展示。そしてパネルを使って世界の自転車と自転車政策の紹介。②オリジナルイベント「自転車は地球想い」—自転車でGO！ CO_2＝ゼロ—の企画および主催。③静岡環境会議主催のノーカーデーフェスティバル二〇〇一に参加し、地元の若きアーティストとともに廃棄自転車を使ってコラボレーション。④第一回NPOセンター祭りに参加、世界の街／自転車パネル展の開催。⑤Street Festival in SHIZUOKAに参加し、廃棄自転車を使ってオブジェの制作と展示。⑥オリジナルTシャツ「自転車は地球想い」の製作と販売などがあります。

ほかに企画書として、「しずおか自転車フェスティバル」「シズオカ・バイシクル・リバー」、さらに東海道四〇〇年祭の自転車イベント「五十三次自転車でござる」の提案を行ない、現在は「エコ生活スタイルのキーワード、自転車が似合うスタイル—もっとオシャレな自転車生活—」と「第一回エコフォーラム—エゴライフからエコライフに変身、エコライフな交通プランを考える—」を企画作成中です。

また、いろいろな活動を重ねた結果、国土交通省主催のmiti公聴会に委員として参加させてもらったり、現在は静岡環境会議のメンバーとしても活動を重ねています。なお、定例会として月一度の勉強会を開催しています。

「使場主義」でまちをデザインする

自転車向上委員会は、静岡市が計画を進めている「静岡市自転車ネットワーク構想」を支持し、これに基づいて市民ができる「自転車をキーワードにしたまちづくり政策」を研究し、広く市民に訴えることを目的に活動しています。

思い描く街は、「歩く人」「クルマ」「公共交通機関」「自転車」が安全に、快適に行き交う街です。単に自転車だけを利用しやすくするのではなく、ほかのさまざまな移動手段も含めて、快適になるデザイン、ユニバーサルモビリティを目指しています。

　たとえば、バス停に駐輪場を設置して、自転車通勤・通学者に途中からバスを利用してもらう「サイクル・アンド・バスライト」システムづくりは、とくに国土交通省の「オムニバスタウン」の指定を受けた静岡市にとっては、検討しなければならないシステムです。

REサイクルペインティングに参加する市民ら

　また最近の基準地価は、下げ止まったり、上昇に転じる場所と、下落し続ける場所とがはっきりしてきました。その点からも中核都市である静岡市は、郊外より利便性の高い中心部に人気が集中する「都市回帰」傾向が顕著です。そのような状況を踏まえると、都市交通手段の中で近距離移動に利用される機会の多い自転車は、十分検討しなければならない時期に来ていると言わざるを得ません。

　このような状況で、私たちの活動を考える上で必要なのは、「自転車向上委員会は、生活者からの視点と発想で生まれたものであり、かつ、時代は市場主義から使場主義に移っている。その点からも、発想の転換が必要である」ということです。そして何にも増して今後は、コラボレーションとソーシャルデザインを重視する視点が必要と言えるのではないでしょうか。それは、社会をデザインするということにもなります。

　具体的に言うと、クルマのデザインは社会や街をデザインすることが出発点と言われます。自転車のデザインも社会や街、そして人をデザインすることから始める必要があるのです。

市民グループの良い点と課題

自転車向上委員会は先に述べたとおり、市主催の「ヒューマンカレッジ4期生」が、「まちづくりの中で自転車はどうしてもはずすことができない」という認識の上に集まって生ま

廃棄自転車をペインティングで再生

れたものです。

メンバーの中には多少なりとも自転車好きや興味を持っている人もいましたが、私たちは「自転車の地位を向上させよう」という観点から集まったのではなく、「今後のまちづくりのなかで自転車を生かす、歩行者、クルマ、公共交通機関と共存できるスタイルを」という姿勢から会を生み出した、つまり、生活者の立場で生まれた組織なのです。

その後、自転車向上委員会を知って市内各地の自転車屋さんや実際にレースにかかわっている人、自転車そのものにマニアックな人、そしてまちづくりという流行モノ？　に興味を持つ人などが集まってくるようになり、自転車向上委員会も第二段階に入りました。

この段階に入ると、自転車向上委員会も大所帯となり、多少メンバー間で温度差が生じてきたのも事実です。

しかし偏ったメンバーだけで活動するよりも、自転車をキーワードにいろいろな市民がかかわりを持つことのほうが活動の幅が広くなります。それぞれの専門家、たとえば自転車の構造面、交通法規、自転車レースを知る人が参加し、そして何よりも幅広い年代、いろいろな職業の人がいることで、会としても大きな力と基盤を持つようになりました。

先ほども述べたとおり、現在の登録メンバーは六十名余りとなり、一度に全員が集まる機会は少ないので、その時どきの活動内容に合わせて参加できるメンバーでユニットを作るスタイルになっています。各メンバーは、静岡市の目指す街の姿「感性育むまち。心通うまち。進化するまち。しずおか」（第八次静岡市総合計画の基本構想より）を築いていこうという共通の「ことば」のもとに活動しています。つまり、「会員全員が同じ方向に走る必要はなく、ただ活動フレームを明確化すれば良い」というスタイルが基本になっているということです。

今後、自転車向上委員会は何をやるのか、自転車を社会にどのように描くのか、そして、より具体的な活動方針と内容、およびビジョンを、明確にしていかなければならないと考えています。単に自転車を用いて、収益性や集客性の高いイベントを行なうことが目的ではありません。イベントはあくまでも手段であって目的は、先に述べたとおり誰にでも心地よく、安全で、過ごしやすい街をつくることです。そのことを実現するために、自転車向上委員会は市民や社会、そして地元の商店街、企業に方向性と方針を知ってもらうことが必要です。この「知ってもらう」ということの難しさをどのように乗り越えて行くかが、今後の問題点の一つです。

この会は、一人当たり年間千円の会費で運営されています。現在のところは行政からの助成もなく、会員個々の〝太っ腹〟で乗り切っているのが事実です。一つのイベントを行なうのにも企画案から企画書へ、次にプレゼンテーションに、そして開催するためには多くのスタッフと設営費が必要です。会の活動が大きくなるとそれにかかる活動費をどのように捻出するか、収支をどのように保つかが今後の大きな課題です。

「全国自転車サミット」を開こう

自転車向上委員会が生まれて、はや四年目を迎えようとしています。自転車というキーワードは、まちづくりに関して以前にも増して重要なモノになってきています。その裏返しとして、各商店街や自治体では自転車の扱いについて苦慮している点も多く、放置自転車や駐輪対策、マナーや自転車道の整備など、すぐにでも解決しなければならない問題が山積みになっています。そして問題を検討・分析すると、それぞれの自治体や商店街を一律に扱えないことがわかります。

たとえば駐輪事情についても、静岡市の中心市街地の各商店街と、東京の原宿地区商店会連合会とでは大きな差があります。よって放置自転車への対応方法も異なってくるわけです。この点から推察すると、自転車をキーワードにしたまちづくりは、そこに住む人がより住みやすく、ここちよく、安全に、と考えて街を描くのが一番良い結果につながるのではと考えられます。まさに「市場主義」から「使場主義」へのシフト、つまり、まちづくりは、コンサルタント会社が請け負うよりも、そこで過ごす住民が取り組むのが一番なのです。

いま、自転車に山積みされた問題にかかわっている人のなかには、命がけで取り組んでいる行政マンもいると聞いています。また街ぐるみで「自転車の街」として手を上げているところもあります。そこで自転車向上委員会では、いろいろなユニーク事例を含めて、全国各地の自転車への取組みを紹介できる機会を設けてみたいと考えています。

具体的には、生活者的視点から見た自転車と、環境的視点から見た自転車について考える「全国自転車サミット（仮称）」の開催です。

参加者は全国で自転車問題に取り組んでいる商店街の人たち、そして同じ問題に立ち向かっている行政マン、ユニークな活動を展開している市民グループ。さらに京都会議以降、クルマから自転車にシフトさせるために、より自転車を魅力ある乗り物にする努力が求められているメーカーや小売店などが参加した、使場主義の立場に重点を置いた全国イベントです。

このイベントはあくまでも、自転車の普及を目的にしたものではなく、また収益性や集客を求めたものでもありません。まちづくりのキーワードである自転車の問題をもう一度提起し、それぞれの問題に対して深く掘り下げて検討したり、解決策を導き出すために生活者が主体となって話し合うための会議にしたいのです。

静岡市は自転車が五十二万台余所有されています。しかしこの街は、CO_2の問題でクルマから自転車にシフトが叫ばれる京都会議以前に、すでに自転車が根づいていた街なのです。ここで改めて私たちが思うことは、「自転車の環境整備、自転車生活の定着、自転車からのライフスタイルの新しい提案を考えていきたい、これは静岡市だからこそできる全国への提案である」ということなのです。

自転車向上委員会の今後の展開は、いくつかの大きな壁はありますが、基本方針は継続しながらも、その時どきに応じて変わりながらも大きく動いていきたいと考えています。現在は市民団体として活動していますが、今後は収益を追求する企業の運営方法と、戦略を「社会問題の解決」に活用する——つまり、収益を確保する組織になって、広く人材を集めて社会の問題解決に新たな力となる「新しい課題解決のスタイル、ビジネスモデル」を社会に提案するソーシャル・アントプレナーシップを一部取り入れて進んでいきたいと考えています。

自転車は、人間の発明した道具の中でもっとも素晴らしい道具なのです。道具としては等身大、動力はまさに人体そのものです。私たち人間の身体がエネルギーになって走り続ける道具です。

この素晴らしい道具に対して人類が冒涜《ぼうとく》しないよう、されないよう、これからも自転車向上委員会は取り組んでいかなければならないと思っています。

【村井裕　むらい・ゆたか】
1960年岩手県生まれ。高校までは盛岡市で過ごす。東京での大学生活の後、現在は静岡市に在住、盛岡と静岡を拠点に活動をしている。自転車向上委員会設立時からのメンバー。2001年夏より代表を務める。95年パリ・ダカールラリーにチームSOLLAの一員として参戦。観光都市静岡の秋の風物詩として定着している「大道芸ワールドカップin静岡」に実行委員としても6年連続参加。

自転車事故急増

悪質な違反には警察が厳しく対応

自転車事故が急増している。原因は高性能車の普及に加え、自転車交通法規が遵守されていないことだ。平成十二年度の『交通安全白書』によると、交通事故死者数に対する自転車乗用中の死者は約九分の一、平成十一年で一〇三二人だった。年間千人もの人が自転車に乗っていて亡くなっており、自動車や自動二輪の死亡者の減少ほど、自転車による死者は減少していない。

自転車と歩行者との事故も増え続けている。十一年度は前年より一四〇件増えて、八〇一件にものぼっている。このうち、一件は死亡事故、一二三件が重症事故。事故形態では自転車側が中高生、歩行者側が高齢者という組み合わせが多い。

警察庁のまとめによると、昨年、自転車の二人乗りのほか、飲酒運転や信号無視などの悪質な自転車運転に対し、違反切符を切って道路交通法違反容疑で検挙した件数が二八五件。無謀な自転車運転が増え続けている。警察庁は全国の警察に対し、悪質な場合は積極的に違反切符を切るよう求めている。

なかでも、いわゆるママチャリの事故が多発している。消費生活アドバイザーのグループ「子育てグッズ研究会」（詳しくは64～65ページを参照）の調査によると、調査回答者の約六割が事故を経験し、うち約半数の子どもがケガをしている。

また、中国や台湾から輸入される自転車のなかに、品質面で問題のあるものが含まれており、それが原因の事故も増えている。日本自転車協会が行なった品質テストでは、四車種二十台がすべて材質・構造・溶接の問題で不合格だったという。粗悪自転車を輸入し、売りっぱなしにする悪質な業者もおり、日本自転車協会では関係団体と連携を取りながら注意を喚起している。

自転車は道路交通法上、車両扱いされている。一部の歩道では自転車の通行が認められてはいるが、それでも歩行者優先が大原則。「自転車が危なくて歩道を歩けない」という声も多く、警視庁では歩行者優先モデル路線を設定した。

これまで、自転車は交通弱者ととらえられることが多かったが、歩行者との衝突事故が増えるにつれて、警察でも考え方を改め、厳しく対処するようにしている。ときには加害者にもなり得る自転車。安易な気持ちで自転車に乗り、事故でも起こせば違反切符を切られるばかりか、起訴され罰金刑、場合によっては収監されることもある。基本的な交通規則を守ることが大切である。

はじめよう、スマート通勤
新潟県新津市が挑んだ
エコ自転車通勤システム
担当者の泣き笑い報告

新津市都市整備課
都市計画係
遠山慎二
さん

クルマの渋滞緩和と商店街活性化などを目的に、自転車通勤システムの実験を行なった新津市。その担当者が実感した可能性と課題とは。

市が挑んだ自転車通勤対策

「自宅から会社までの二〇キロを、自転車で通勤できますか」。このような問いに対して、あなたはどう答えますか。「僕は体力に自信があるから大丈夫」と言う人もなかにはいると思いますが、大抵の人は「そんなことは無理だ」と答えるでしょう。しかし、新津市の「エコ自転車通勤システム」を利用すれば、誰でも簡単にできるはずです。

僕たちの「エコ自転車通勤システム」は、市民の主な勤務先駅である新潟駅（新潟市）で新津市がレンタサイクルを行ない、市民の皆さんに自家用車以外の交通手段で通勤してもらおうという試みです。新津市が平成十二年に現・国土交通省の社会実験実施都市に選定され、同年十月一日から十二月三十一日までの三ヵ月間実施しました。

ここでは僕たちの活動記録を中心にお伝えしたいと思います。

クルマ社会は便利だけど…

新津市は、県都新潟市の南西部に隣接する人口六万七千人の田園都市で、近年はその立地の良さから新潟市のベッドタウン化が進んでいます。その結果、新潟市と連絡する国道四〇三号などで交通渋滞が発生し、また郊外部では大規模商業地が相次いで開業、これによって市の中心商業地と言われる新津駅前の本町地区は衰退が進んでいるのです。

どこの都市でもこのようなモータリゼーションの弊害があると思いますが、新津市は全国でも早くから、「自転車」を利用した施策を〝処方箋〟として打ち出し、まちづくりに取り組んできました。

平成十年十二月には、①新津駅を中心とした半径約二キロの自転車道ネットワークの形成、②中心市街地と自然レクリエーションゾーンとの自転車道ネットワークの形成、③自転車利用促進策の推進、という三つのテーマを提案し、自転車利用環境総

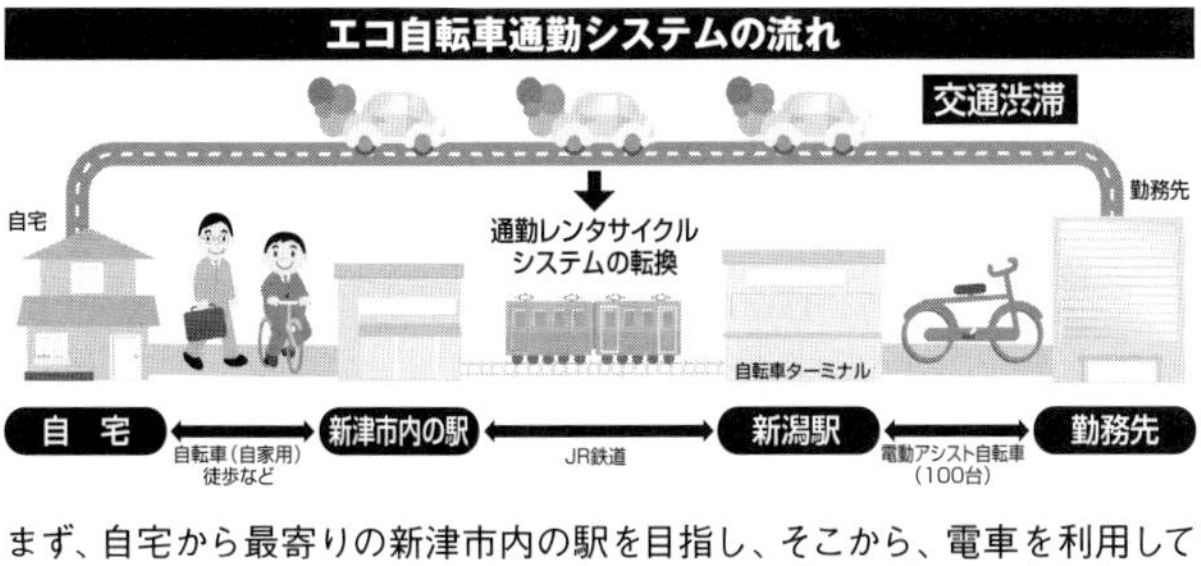

まず、自宅から最寄りの新津市内の駅を目指し、そこから、電車を利用して新潟市へと向かいます。新潟駅に着きましたら、駅に隣接する自転車ターミナルへ行き、電動アシスト自転車をレンタルします。そして、自転車ターミナルから会社まで、電動アシスト自転車で通勤してもらうことになります。このように、エコ自転車通勤システムは、わずらわしい交通渋滞に悩まされることなく、快適に通勤することができます。

合整備モデル都市に、全国十九都市の一つとして選定されています。この計画に基づいて、総延長約二二キロの自転車道ネットワークを現在整備中です。

「エコ自転車通勤システム」は、前述のハード面（自転車道）の整備と合わせ、それらの利用促進となるソフト的な施策はないものかと、同僚のK君と何度も話し合い、考え出したもので、「だめでもともと」という気持ちで、社会実験実施都市に応募したものでした。

平成十二年八月二日、「建設省ですが、新津市の『広域レンタサイクルと中心商業地の活性化』が社会実験実施都市に選定されました」と一本の電話が届き、僕はびっくりしました。社会実験の応募要綱には六月末日までに選定を行なうとあり、すでに一ヵ月が過ぎていて、落選したと思っていた矢先の知らせだったからです。うれしいというより、大変なことになったというのが正直な気持ちでした。何せ〝雪国新潟〟です。自転車を使うこの実験は、遅くとも十二月中に終わらせる必要があります。実験期間の三ヵ月を差し引くと、準備期間はわずかに二ヵ月しかありません。この日から、僕たちの熱く忙しい夏が始まりました。

実験準備スタート

まず僕たちが始めたことは、体制づくりです。チーフには市役所で〝イベント屋〟と呼ばれているWさんになってもらいました。Wさんは、これまでもその多彩な作戦力と行動力で、数々の「夢」を実現した人物。さっそくWさんは市役所のさまざまな部署から二十四名を集め、社会実験プロジェクトチームを発足させました。

プロジェクトチームは、モニター勧奨班、実験準備班、広告デザイン班、総務班に分けられましたが、各班には実験開始までにやらなければならないことが山ほどあり、お盆が終わると同時にそれぞれの活動を始動したのです。

まず大変だったのが、百人ものモニターをどうやって集めるのかということです。広告を出して指をくわえて待っているだけでは当然集まるわけはありません。ここでWさんの取った作戦は、新潟駅から半径四キロ以内の主な事業所、四百六社にアンケートを郵送し、それに回答のあった百六十一社すべてに電話をかけ、了承を得た四十社へ直接モニター勧奨を行なうというものです。またこのとき、事業所から紹介を受けた個人五十五人への電話勧奨も行ないました。

僕自身、市役所に十年以上勤務をしていますが、〝営業〟をしたのはこれが初めてでした。

自転車通勤という「商品」は、渋滞緩和について言えば、買った本人よりも買わない人がメリットを受ける商品です。「販売」にはなかなか苦戦しましたが、なかには環境のため、健康のためにと「買って」くれる人がいました。この商品は誰もが欲しがるものではないけれど、百人いれば五人くらいは必要としてくれるはず――、僕はそう信じて、慣れない営業活動を続けました。

モニター募集と併行して、新聞広告、ラジオCMを行ないました。新聞広告は三回の掲載でストーリー性を持たせるように工夫し、ラジオCMは朝のラッシュ時に流れるようにして、無料で出られるテレビやラジオのパブリックシティコーナーにも出演したほか、国道四〇三号の交差点に立ってビラの配布も行ないました。

これらの活動が報われたのか、九月十四日には、モニター百人を集めることができたのです。

自転車に電動アシストを採用

今回の実験では、自転車に「電動アシスト」（電動補助動力付きの自転車）を百台用意しました。電動アシストにした理由は、決して高齢者をターゲットにしたからではありません。むしろ若い層をターゲットにしたつもりです。電動アシストは本格派の自転車好きには無用だと思いますが、毎日の通勤に使うのには非常に楽なものです。発進時、風の強い日、上り坂、苦もなく走れることは言うまでもありません。「自転車通勤は辛くない」、これをアピールしたかったのです。

レンタルを行なう自転車ターミナルは、新潟駅の北口と南口に二ヵ所設けました。北口自転車ターミナルは新潟市の有料駐輪場の一部を利用させてもらい、南口自転車ターミナルは新潟市土地開発公社所有地を借地し、仮設したものです。

自転車ターミナルの設置は、思わぬところで同僚のOさんに苦労をかけました。それは南口での電源の確保でした。新潟駅南口は電線が地中化されており、自転車ターミナルに最も近い電柱から仮設線を引くのに百万円の経費がかかることが判明したからです。とてもそれだけの経費はかけられないので、Oさんはさんざん悩んだあげく、一台三万円の発動発電機を二台購入し、照明とバッテリー充電に使用することにしました。大丈夫かなと心配したけれど、終わってみれば結構丈夫なもので、とくに支障なく終わることができました（結果的には非常に安上がりとなりましたが、毎週、混合油を運ぶ羽目に……）。何はともあれ、実験開始の四日前に自転車ターミナル設置が完了し、無事北口と南口併せて百台の新品電動アシスト自転車を並べることができたのです。

新潟駅北口自転車ターミナルの、新潟市営の駐輪場を利用

さらに今回、重要性を実感したのが広告デザイン活動です。前述の新聞広告やテレビ・ラジオCMのシナリオ作成はもちろんですが、実験には愛称とロゴが必要ということで、「エコ自転車通勤システム―R&BN2（Rail & Bicycle Niitsu Niigataの各頭文字の略）」という愛称とロゴを作成し、ポスターをはじめ、ターミナルの看板、会員証、自転車本体、雨具などに利用したのです。

僕は、この功績は大きいと思います。役所はとかくデザインやお洒落には無頓着なものですが、このご時世、格好悪いものには誰も見向きをしてくれません。自転車を活用するにしても、そのシステムを魅力あるものに仕立て上げることが重要だと実感しました。

商店街と一緒に

ほかにもいろんな仕事がありました。忘れてはならないのが、新津商店街協同組合連合会との協力体制づくりです。

じつは今回の実験では、モニターの方に自転車のレンタル料を負担していただきました。もっともそれは新津商店街協同組合連合会が発行する、商品券三千円分を購入してもらうというものです。

レンタサイクルの利用者が、必然的に商店街で買い物をするシステムにしたかった理由は、将来この実験が本当に採用されるときに、商店会にレンタサイクル運営の中心となってもらえれば……という考えがあったからです。商品券の売上げの一部（五パーセント程度を想定）を維持管理費にあてることで、独立採算が取れるシステムを構築する狙いがありました。

商店会には、応募前に一応の了承は取り付けてありましたが、急なお願いにもかかわらず、快く引き受けてもらうことができました。商品券は実験のために新たに設けたもので、加盟店二〇四店舗のうち、七六店舗で利用できることになりました。

通常、モニターの方にお礼をすることはあっても、参加料を取ることはあまりないのですが、料金への抵抗は重要な実験要素であるため、あえて有料の実験としたのです。のちのアンケート調査では、実質的には無料だったこのシステムについても、やはり料金に対する抵抗があり、月二千円だと半数、三千円だと三分の一、五千円だと九分の一の人しか利用を希望しないという結果となりました。

雨の日対策

新潟は一年の半分近くが雨か雪という気候で、自転車の利用には太平洋側ほど向いてはいません。利用促進には雨の日対策が必要でした。しかし実験申込時にも雨の日対策を行なうと書いてはみたものの、実際どうやるのかについて、その時点では確定していなかったのです。

いろんなアイデアが飛び出しましたが、いま思えば、ばかばかしいことも真剣に考えたものです。テレビでハンドル部分に日傘をつけているのを見たことがあり、この商品を探して試したりもしました。結構使えるかなと思えたので、県警本部に道路交通法上問題があるかどうかを確認したところ、「運転の支障になるものは付けてはならない」とのご回答をいただき、断念しました。また、M係長から「中国へ行ったとき、雨が降るとみんながカラフルなポンチョを着て自転車に乗っていた」という話を聞き、中国北方航空に問い合わせ、自転車用中国製ポンチョを取り寄せたりもしました。なるほどこの雨具は合理的につくってあり、ポンチョの前面を籠の部分に引っ掛けることによって籠の中が濡れない仕組みになっていたのですが、雨具が届いて二、三人にこの雨具を着てまちを走ってくれと頼んだところ、口を揃えて「恥ずかしいからイヤだ」と断られ、あえなく断念したこともありました。

最終的には、雨具をレンタルすることになりました。アウトドア用の、通気性が優れた素材で作られた、男性用はツーピース(上下別のウエア)、女性用はツーピースと長めのワンピースタイプのレインウエアを二種類用意。これなら「着る人は着るだろう」という判断です。このほかに、実験が始まってから「雨具だけではカバンが濡れるので、何とかしてほしい」との要望があり、M係長の発案で、チャック付きのビニール素材の収納袋を用意して貸出を始めたりもしました。これは安価で、水にも強く、結構重宝されたようです。

このようにいろんなことを考えて、いろんなことをやり、短期間に多くの人々の協力を得て実験のスタートを迎えたのです。

社会実験開始

十月一日の日曜日、午前七時。九

十二日間にわたる実験が開始されました。初日は日曜日ということもあって利用者は少なかったのですが、二日にはNHKをはじめ民放二社がテレビ取材に来てくれたのです。なかには自宅から会社までモニター利用者を追跡取材する局もありました。テレビのニュースで放映されることで、少しでも多くの人に僕たちの想いが伝わればうれしいなと思い、また次々に来るモニターの皆さんには、心の中で「ありがとうございます」と何度もお礼を言いました。平日の初日であるこの日は、四十五人のモニターが利用してくれたのです。

その後も実験は順調に続いたのですが、この年の十月は例年になく雨の日が多く、最高でも一日六十二人の利用者数にとどまっていました。そこでこの状況から、自転車台数の二割り増しのモニター数でも自転車が不足することはないと判断し、モニター要件にあげていた「自動車通勤からの転換者」という要綱を変更して、これまで電車通勤をしていた人にまで対象を広げて十九名のモニター追加を急遽、十月二十三日から行ないました。また利用促進キャンペーンとして、十一月六日に新津市の特産品であるチューリップのプレゼントを予告したところ、実験期間中最高の利用者数七十一人を記録したのです。この利用促進キャンペーンは十二月にも行ない、ポインセチアを配布しました。本当に寒い季節なのに、頑張って自転車に乗ってくれる方々への、プロジェクトチームからのクリスマスプレゼントでした。

自転車でまちづくりができるのか

そして、十二月三十一日、事故もなく、心配していた自転車の盗難も一台もなく（本体の鍵とワイヤー鍵の二重ロックを徹底してもらった）、無事実験を終了したのです。

僕だってレンタサイクルをするだけで、交通渋滞がなくなり、まちが活性化するなんて思ってはいません。少しずつ、少しずつ活動を広げていくことにより、それはまさに漢方薬のようにじわりと効いていくものだと思っています。今年度は、駅前レンタサイクルを新津駅側でも行ない、通勤レンタサイクルと併せて、お買い物レンタサイクルも実施しています。また、新津駅前地区のまちづくりを考えるワークショップも立ち上げました。まさに、社会実験がきっかけとなり、自転車をキーワー

【遠山慎二　とおやま・しんじ】
1966年新潟県生まれ。長岡高等工業専門学校卒業後、長岡市役所に勤務。92年から故郷の新津市役所に移り、現在は都市整備課都市計画係の主査を務める。98年と99年に旧建設省に出向し、新潟市内に勤務。その際の自転車通勤の経験が、今回の実験の発案につながった。現在も自転車通勤を続けている。

実験結果

今回の報告では、主に実験開始までの取り組みを中心に紹介したかったので、実験結果は概要を報告するにとどめます。

自転車数▶100台(北口74台・南口26台)

モニター数▶119名(男性:95名、女性24名)

実施日数▶92日間(平日61日間、土日祭日31日間)

利用者延べ人数▶2,334人(平均25.6人/日)

平日平均利用者数▶40人(晴れ:53人、曇:36人、雨:20人、雪:20人)

休日平均利用者数▶6人

平日最大・最小稼働数▶最大:71台(11月6日(月)晴)、最小:6台(12月28日(木)雪)

モニターの平均・最大・最小利用数▶平均:18回(※当初モニター100名分のみ)、最大59回(男性1名、女性1名)、最小:0回(男性5名、女性2名)

日雨量・気温と平日利用台数の関係▶(下表)実験期間全体で見ると、11月中旬過ぎから天候不順、気温の低下が著しくなっており、これ以降、全自転車台数の半数に当たる50台以上の利用台数が得られなくなることからも、概ね11月中旬が本地域におけるシステムの限界であると思われる。日雨量が10mm以下で、かつ、晴天日が連続すると利用台数が多くなる傾向がある。

交通量の削減▶一般に渋滞時の交通量の5〜10%の削減で渋滞を解消されるといわれているが、本実験により、国道403号で2.3%が削減。

商店街の活性化▶全体の商品券利用の約45%は元々新津商店街以外で購入予定であり、新規客を引き込めた。また、商品券利用時のお買い物総額は、商品券発券額の1.6倍となった。

環境負荷の低減▶この実験の延べ利用者2,334人によって削減されたCO_2の量は、5.6tになり、約5,000m^2(小さな公園程度の大きさ)のブナ林が年間に吸収するCO_2の量に相当した。

モニター座談会より▶●通勤時間が一定となり、予定通り勤務先に到着できるのが大きなメリット。●運動不足の解消・健康増進に役立った。●仕事帰りの行動範囲が広がった。等の意見が出た。

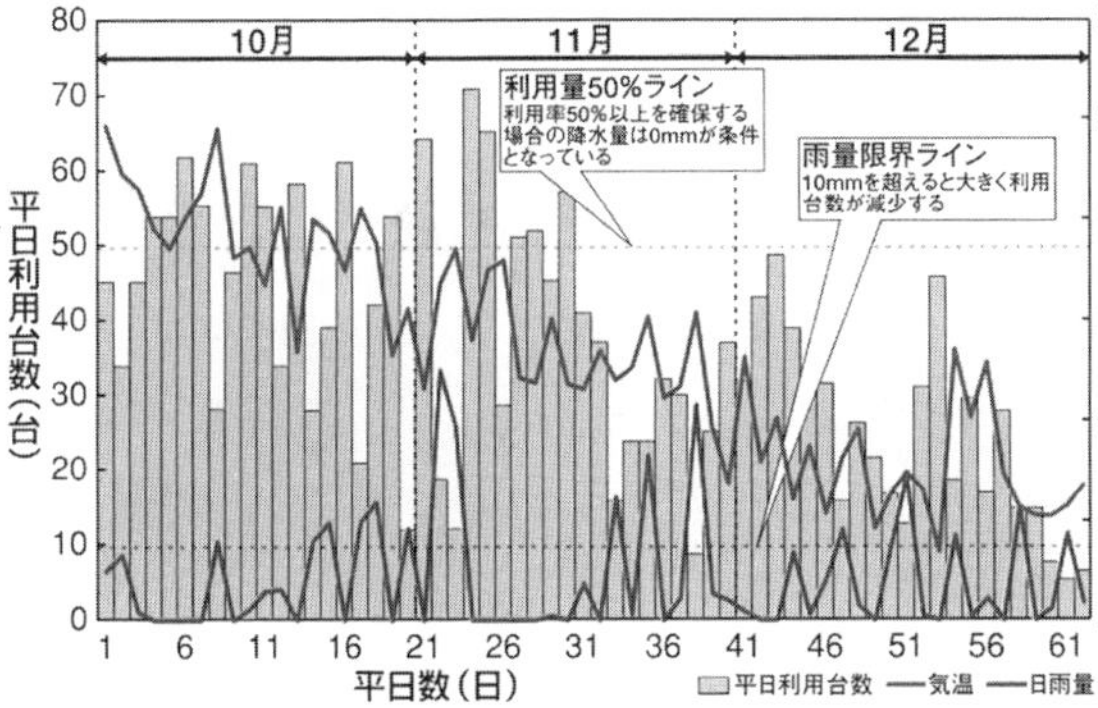

ドにまちづくりを進めようという気運が高まってきたのです。

想像してみて下さい。自転車を自由に乗り回せるまちを。それは、環境にやさしく、まちにやさしく、人にやさしいまち。新津市は、いつかきっとそんなまちになっているでしょう。

エコ自転車通勤システム
R&B N2
Rail&Bicycle Niitsu-Niigata

自転車活用都市のモデル指定

COLUMN

――自転車道やレンタサイクルの整備を目指して

自転車を活用するまちづくりが、各地で始まっている。その代表例が「これまで自転車の目できちんと街を見ていなかった。自転車を利用しやすい社会へのステップに」と、国土交通省が福島市や東京都練馬区、静岡市など全国十九ヵ所に指定した、自転車活用のモデル都市だ。

その多くが目指しているのが、自転車道の整備とネットワーク化。そして、幹線道路や生活道路の一部として歩道や車道に並行する自転車道の整備などだ。たとえば大阪市の場合、自転車道の総延長は市内で約百八十キロにも及んでいる。主にＪＲ大阪環状線の外側の地域で、余裕があれば車道や歩道を植樹帯で区切って、自転車道を設けてきた。歩道と自転車道を一体化する場合も、自転車の通行帯を赤く舗装して区別するなどの工夫を行なっている。

また、レンタサイクルを検討・導入しているモデル都市も多い。市内に複数の貸し出し拠点を設け、バス停から職場までの近距離移動に活用してもらおうという試みだ。二〇〇〇年秋、自転車百五十台を用意して、二ヵ月余り実験した広島市の例を見ると、順調な日は一日百台近い利用があり、都市での自転車のあり方を考える好材料になったという。

モデル都市とは別に、環境意識が高まるなかで、自転車の利用を促進して、まちづくりに役立てる自治体も増えている。そのひとつである鹿児島県加世田市は、一九九五年に「サイクルシティ」を宣言。吹上浜周辺に、自転車道や自転車・歩行者専用の橋を建設した。二〇〇〇年十月には自転車によるまちづくりに取り組む自治体のサミットを開催し、「環境負荷の少ないまちづくり」を宣言している。同市のほか、北海道旭川市、豊富町、福井県丸岡町、秋田県大潟村などが参加した。また、茨城県古河市や秋田県二ツ井町などでも独自の取り組みが進んでいる。環境対策や都市再生へと発展させていけるかが課題だ。

一方、横浜市では全国で初めて、みなとみらい（ＭＭ）21地区で昨年十月にパーク＆サイクルの実験を行なった。ＭＭ21地区に隣接する「馬車道地下駐車場」で、市が自転車の無料貸し出しを実施。三十台のレンタサイクルを用意し、地区内に三十六台分の駐輪スペースを設けた。利用者はその日のうちに返却すればよく、ＭＭ21のほか山下公園や中華街などを回ることができるようにした。横浜市では今後も実験を重ね、二〇〇二年度以降に本格実施する予定だ。

自転車主義宣言——だから自転車は面白い

座談会

いま、「自転車」への関心が高まっている。レジャーとしてのサイクリングはもちろん、「健康」「まちづくり」「環境保護」「親子関係」「育児」「仕事」など生活のさまざまな場面で、「自転車」をキーワードにした社会システムの見直しやライフスタイルの再考を提言する人々が増えているのだ。自転車をもっと活用して「人間らしい心豊かな暮らし」を実現したい……。そのためのヒントを自転車事情に詳しい三人が語る。

自転車で「生き方」と「世の中」を変える！

■日本人と「自転車」の不思議な関係

――このところ「自転車」が環境問題など社会的な視点からも注目されて、一種のブームだと言われていますが？

渡辺●そうですね。一九九七年に地球温暖化防止会議が京都で行なわれたあとに、政府はCO_2削減策のひとつとして自転車をクローズアップさせました。しかし、これについては「地球環境にやさしい」から「手っ取り早く自転車を取り上げた」というのが私の第一印象で、急すぎると空念仏に終わるのではないかと思ったんです。じつはそれ以前から、全国の市町村が自転車対策を始めていましたし、「現場の視点」が育ち始めていたんですね。そこへ上意下達方式で政府が一方的に方針を出したら、地域の取り組みがしぼんでしまう。自転車を活かすためには、現実的に足下から対応を広げていくことが大切だと思うんです。どうすれば、もっと多くの人が自転車を暮らしに取り入れるようになるのか、まずそこから考えていかないと……。

宮内●これは僕の持論なんですが、人間は環境や設備が整えば必ず自転車に乗ると思ってるんです。ノルウェーの北極点の、日本で言えば下北半島の過疎地ですね。そこのコミュニティーゾーンには自転車道路が張り巡らされていて、スパイクタイヤを使えば冬でも自転車に乗れる。実際に冬でも乗ってるんですよ。フィンランドの首都ヘルシンキも都市の中心部に向かって自転車道路が張り巡らされていますが、早く日の暮れる冬でも自転車を楽しんでいる人をよく見かけます。

疋田●最初は寒いけど、こいでるうちに暖かくなってくるから、案外冬でも平気なんですよね。やはり健康的なんですよ。私は自宅から会社までの往復約二四キロの道のりを自転車で通勤してるんですが、おかげで電車では苦行そのものだった通勤が娯楽に変わりました。そんな僕が知人に自転車通勤を勧めるときの「殺し文句」は「痩せるよ」です。そうすると俄然話にのってくる（笑い）。私も八四キロあった体重が一年半で六七キロまでに落ちた。リバウンドなしのダイエットには自転車通勤が最高ですよ。会社の健康診断でも、中性脂肪値とかコレステロール値が「C」評価から全部「A」評価に戻った。東京で自転車通勤をしていると「排気ガスを吸うから、かえって健康に悪いぞ」と言う人もいるけど、それを上回る良さがあると確信しているんです。

宮内●ははは。だからもっと自転車に乗ってもらいたいですよね。いま自転車に乗っている日本人をレベル別に大別すると、スポーツを中心とした自転車マニアと呼ばれる人たちと、通勤・通学・買い物の利用者に分類されます。その中間にあるべきレジャーやフィットネスの概念がすっぽりと抜けてるんです。たとえばドイツ人の一般的なレジャースタイルですと、キャンプ場などに行くときには必ずキャンピングカーに自転車を載せて出かけたりしますが、日本人にはそういう感覚がなく、自転車利用者の構造がいびつになっている。レジャーの利用者が増えれば、ずいぶん状況も変わると思うんです。

――でも、マニアの人が乗るようなスポーツタイプの自転車ならレジャーでの利用もイメージしやすいのですが、通勤・通学や買物で利用される「ママチャリ」だと、なかなかレジャーには結びつかないのでは？

疋田●たしかに「ママチャリ」というのは日本にしかない規格の自転車でしょうね。ヨーロッパにも「ダッチバイク」と呼ばれる実用自転車はありますが、とくに女性向きに作られているわけではありません。ところが「ママチャリ」はまさに女性が乗りやすいように工夫された自転車で、値段も安く、スピードも出ない。せいぜい半径二、三キロ圏内での買物や駅までの「脚」にしか使わない。日本ではこれが自転車シェアの大半を占めているわけです。日本で自転車の可能性を狭めている大きな要因だと感じています。

宮内●そうですね。以前、高知県の郡部に行ったときのことですが、このへんは自転車に乗る人が少ないと言うんですね。なぜですかと訊ねたら「みんな自転車通学のつらい思い出があるから、二度と乗りたくないんだ」と。要するに通学距離が長い上に「ママチャリ」で山道を登るのが大変で、だから「自転車はもう結構です」ということなんです（笑い）。

――それは案外、多くの日本人の実感ではないんですか？　自転車で長い距離や坂道はつらいと……。

宮内●自転車のエンジンは人間じゃないですか。一般の人で〇・三馬力ぐらいなんですよ。だから用途に適した自転車を選べばいいんだけど、選ばないと、小さなエンジンだから効率が悪いとつらいわけです。一度

九州東海大学教授
渡辺千賀恵
わたなべ・ちかえ

1946年生まれ。名古屋大学大学院修士課程土木工学専攻修了。大阪大学大学院博士課程構築工学専攻中退。91年より九州東海大学工学部土木工学科教授。工学博士。運輸省中部地方交通審議会幹事長、熊本市都市計画地方審議会委員、熊本市パークアイランドシステム研究会会長などを歴任。主著に『自転車とまちづくり』(学芸出版社)『都市生活と自転車』(共著、朝日新聞社)などがある。

騙されたと思って、スポーツ用の自転車に乗ってみてください。世界が変わると思いますよ。それが無理なら、せめていま持っている自転車のサドルを上げてみてください。普通の人は爪先が地面に着く高さにサドルを設定していますが、こいでいて腰の高さより膝が上るというのは拷問以外の何ものでもありません。サドルを上げると足は着きませんが、「前乗り」「前降り」というきちんとした乗り方をしていれば安全ですし、それだけで走るのが楽になるし、世界が変わると思います。あとはタイヤに空気をパンパンに入れること。その二つだけでも、自転車に対する意識が大きく変わりますね。

渡辺●ところが、そういうことを教える場というのがなかなかないんですよね。

宮内●ええ。でも最近は、自転車スクールも増えています。とくにマウンテンバイクの教室ですね。そこではまず「小さなエンジン」を有効に活かす乗り方から教えるんです。サドルの高さやハンドルの位置なども重要で、しっかり指導する。それと「前乗り」「前降り」の基本ですね。いわゆる「ケンケン乗り」は足を滑らせるから危険なんですよ。具体的には、最初にサドルにお尻を乗せるのではなく、前のパイプにまたがってしまうんです。この状態なら足が地面に着くので安定します。そのままの状態で右足をペダルに掛けて踏むとスーッと前に進みますね。それで反対側の足をペダルに乗せて、それからお尻を後ろに移してサドルに乗せる。停まるときはその逆。こういうことは本来、家庭や学校で教えるべきことで、この「教育」についても考えを広げなければならないでしょう。

渡辺●私たちの世代だと、大人用のでっかい自転車に跨がって「三角乗り」なんかを無理矢理覚えさせられましたよね（笑い）。大人たちが「自転車のことならわかっているよ」と生半可な状態でいると、結局、自分の子どもにも変な乗り方を伝えてしまう。いま言われた方法なんか案外知らない人が多いんでしょうね。

疋田●うん。ですからね、「ママチャリ」を代表として、日本は自転車が手軽すぎるために価値が低く見られているところがあるんでしょうね。たとえば、ほかのアジアの国でも「いい大人が自転車に乗ることは恥ずべきこと」といった風潮があるように思うんですが、この傾向が日本にも見られる。これぞまさに、途上国的発想だと思うんですね。クルマに乗って、電化製品に囲まれていれば「豊か」であるという発想を引きずっているなあと。

宮内●たしかに自転車よりクルマが偉いといった価値観がありますね。僕はじつは田舎を走っていてお婆ちゃんにお菓子を貰ったことがあるんです。「よほどお金に困っているから、仕方なく自転車に乗って旅しているんだね」と（笑い）。ベトナムで走ったときも「こんな暑い日に商売でもないのに自転車で走り回って、あいつは馬鹿じゃないか」ってね。これは説明してもなかなか理解してもらえないんですよ。

渡辺●たとえばオランダやスウェーデン、ドイツといった環境保護の先進国は、同時に自転車先進国にもなっている。これらの国では「本当の快適さとは何だろう」と国民が考え、その考察の結果としての自転車先進国があると思うんですよ。日本もそうなってほしいですね。

宮内●そうですね。そういう先進国には、自転車のための環境が備わっている。具体的な例でいうとバイクラックという自転車を立てるスタンドです。これがお店や図書館の前にきちんとある。じつは自転車先進国では自転車にスタンドが付いていない国が多いんです。ほかにも公共交通機関に手軽に自転車を乗せられるといったことがあります。

渡辺●たしかに、自転車にスタンドが付いているのは自転車後進国が多いようですね。荷物を運ぶために安定してなければならないという発想でしょうが。

疋田●自転車メーカーの方に聞いたところでは、日本の駐輪場はとても混雑するので、自転車を並べるときには頭をまず列につっこんで、後ろで立てなければいけないから、というお話でしたね。

渡辺●でも自転車が駅前の駐輪場に集中するのは日本だけの現象ですか。そうではないでしょう？

疋田●ええ。たとえばドイツのボンなんかでも駅前は自転車で溢れています。一見、放置自転車だらけのように見えるんですが、ところが駐輪スペースがちゃんと設けられているんです。日本のようにハコモノをつくってその中に自転車を押し込めればいいや、という考え方ではなくて、きちんと整備されている。その根底には「電車の駅は自転車のための駅でもある」という考え方があると思うんです。またオランダ国内の各駅前には駐輪場はもちろん、自転車修理工場、自転車屋さんといった〝三種の神器〟が揃っています。駅前に自転車が集まるのは当たり前の話で、むしろそれをどう捌くか、どう活性化させるかが重要だと思います。

渡辺●なるほど。駅前に修理スポットがあるというのは理想的ですね。でも、そういうことを小売店の皆さんが自分たちだけでやろうとしても難しい。当然、自治体や国レベルでの政策が必要で、補助金や人材育成・活用の視点も必要になります。けれど、いまの日本ではその小売店さんがどんどん減少していく傾向にある。自転車を広めるどころか、産業そのものが消えてしまう。

足田●それについてはね、僕は日本での自転車の値段に、とても問題があると思うんです。スーパーで一万円以下の自転車が売られているのは、やはり異常ですよ。何でもかんでも物の値段が安ければいいというのはどうかと。こうなると使い捨てですから、小売店に修理に行く人がほとんどいなくなる。

宮内●確かに自転車もレジャーとして考えると、それなりにイニシャルコストはかかるんです。でも、ランニングコストはゼロなんです。ビール代だけ（笑い）。

■自転車に吹く「追い風」は本物か

渡辺●私は九州東海大学工学部の都市工学科で教鞭をとっていますが、以前は土木工学科という名称でした。どうも土木というと「土木工事の技術を学ぶ学科」と考えられがちですが、むしろ交通や治水といった都市計画を含めて研究する分野なんですね。ですから日本では自転車に関する調査・研究はもっぱら土木学会が中心です。私も工学博士の学位は自転車交通に関する研究で取得したんですが、私がその研究を始めた一九七二年当時はまさにモータリゼーションの最盛期で、「自転車の研究をする」と言ってもほとんど研究費がもらえない時代でした。それを考えるといまの状況には隔世の感があります。たしかに「自転車」にはかつてない追い風が吹こうとしているなと感じます。そこで改めてお聞きしたいんですが、「環境保護」や「健康」などをキーワードに、自転車に追い風が吹いていると言われる昨今、お二人は日本でもレジャーで自転車を活用する人口が増えてきたとお感じですか？

疋田●うーん。サイクルロードなんかに出かけると確かに増えたような気もするんですよ。でも、掛け声ほどには増えていないのが実情だと思いますね。

宮内●オジさんばっかりですよ（笑い）。女性は増えたけど、中・高校生の世代はさっぱりですね。もっと率直に言えば、まだ、いまの日本は「自転車五流国」なんじゃないでしょうか（笑い）。私どもの雑誌では毎年、海外ツアーを組んで自転車を取り巻く環境を視察しているんですが、彼我の違いで見ると日本はやはり自転車を取り巻く環境という点で三流国にもなっていません。本来の意味での自転車人口を増やすには、あらゆる面で環境を底上げしないといけない。たとえば日本の自転車専用道路ですが、自動車や単車が侵入しないように一般道との境にポール（車止め）が設けてあるでしょう。あの幅が必要以上に狭くて自転車の通行まで妨げている。あれにぶつかってケガをして、サイクリングが嫌いになられては逆効果です。せっかく作っても設計が悪いために使いにくい。つまり「自転車乗りの視点」がいろんなところで欠けてると思うんですよ。

自転車通勤人《ツーキニスト》

疋田　智

ひきた・さとし

1966年宮崎県生まれ。89年東京大学文学部卒。TBS「ブロードキャスター」ディレクター。社会部記者、「筑紫哲也ニュース23」「スペースJ」ディレクターなどを経て現職。環境と健康のために自転車を活用しようとの主張は、HP（「自転車通勤で行こう」http://japgun.hoops.ne.jp/）に詳しい。国会の私的諮問機関、自転車活用推進研究会委員。著書に『自転車通勤で行こう』WAVE出版、『銭湯の時間』朝日出版社、『自転車生活の愉しみ』東京書籍。

疋田●私も自転車通勤で「自転車乗りの視点の欠落」を日々実感しています。代表的な例が車道に白線で区分けされた自転車レーンです。ただ白線を引いただけだから違法駐車が絶えない。駐車車両を避けようとすると、よけいに車道側に脹らんで通るので危険きわまりない。駐車違反の罰則を厳しくするなどの工夫がないとかえって危ないんですね。かといって、自転車が歩道を走って許されるいまの曖昧な状況にも大反対です。自転車でもぶつかれば歩行者は大ケガをします。それに自転車の楽しみ、そしてそれ以上に利便性は、やっぱりスピードにあると思いますから、歩行者を避けながら歩道をタラタラ走るんじゃあ面白くありません。徒歩の五倍ぐらいのスピードで車道を走るから、爽快感があって気持ちいいんですよ。日本ではなぜかその可能性をスポイルして歩道に自転車を走らせる。だから自転車はいつのまにか気持ちの悪い乗り物になってしまったと思うんですね。つまり自転車に乗ったことのない人が行政をやるから、おかしなことになるんですよ。

宮内●そうそう、この八月にサンフランシスコの自転車道路を走ってきて、疋田さんと同じ感想を抱きました。そこにも白線の自転車レーンがあったけど非常に走り良かった。「サイドバイサイド」といって、自転車が並んで走れる幅があるんです。どうしてそこが走り良かったかというと、やはり駐車車両がない。ここで僕が感心したのは「自転車に市民権がある」ということ。これは重要な問題だと思うんですね。サンフランシスコでは、日本のように「どけどけ」というクルマのクラクションや幅寄せもなかった。自転車王国のイタリアなんて自転車レーンそのものがありません。ロードバイクが堂々と、道路の真ん中を時速四〇キロぐらいのスピードで走っている。クルマも無理な追い越しをしません。欧米には「ママチャリ」みたいな自転車が存在しないこともひとつありますが、自転車が卑屈になっていない。つまり市民権を持ってるんです。でも要は「なんで自転車に乗るのか」ということなんですよね。「環境や健康にやさしいから」とか理屈はありますが、風を切って自分の力で走る、それが気持ちいいから自転車に乗る。それにつきますよ。だけど、そこで僕が心配なのは、日本における中学・高校生の自転車離れなんですね。要因の一つは交通環境の悪化です。彼らが気持ち良く風を切って安全に走れる状況ではない。もう一つは、

『サイクルスポーツ』編集長
宮内 忍
みやうち・しのぶ

1952年東京都生まれ。早稲田大学政経学部卒。自転車専門誌「サイクルスポーツ」編集長。中学時代にサイクリングに目覚め、大学時代はサイクリングクラブ（早大CC）に所属し、全国各地をキャンプツーリング。現在、週末に多摩川の自転車道路を中心に走っている。「サイクルスポーツ」誌で毎年催行している海外自転車ツーリングに同行し、エジプト、ベトナム、北欧、イタリアなどを走り、海外自転車事情にも詳しい。

先ほども高知県の例でお話しした、自転車通学で培われた「辛さ」や「カッコ悪さ」。結構、ダサイという印象が……。

疋田●たしかに、学校の自転車通学に対する指導は形式的なことが多いですよね。同じジャージにヘルメットというスタイル。じつにカッコ悪い。さらに言うと、だからこそ、その生徒たちは卒業したあとヘルメットをかぶることが金輪際ない。これでは「教育」の意味なんてないと思うのですけどね。

宮内●そう。自転車の世界は「カッコ良さ」がとても重要なんですよ。まずはそこから入っていく若い人が多いんです。

渡辺●私たちが子どものころは、自転車に「大人のマイカー」的憧れがあって、カッコ良いものだったんですけどね。

宮内●ええ。僕らが子どものころは、受験雑誌の裏表紙なんかは全部自転車の広告だった。それを宝物を見るように眺めていたもんですよ。でも最近の子どもには遊びの選択肢が多すぎますね。やれゲーム機だ、パソコンだ、カラオケだと。

疋田●高校生ぐらいになると、まったく興味の対象からはずれてしまうようですね。ですから、愉しさから広がる「自転車文化」のようなものをプログラム化していかないと、若者にはウケないと思うんです。学校教育一辺倒では、それは果たせませんね。

宮内●その好例があるんですよ。黒姫高原のサマースクール。ここではペンション経営者たちが自転車インストラクターの資格を取得して、子どもたちにマウンテンバイクを体験させています。また高知県の四万十川のリンリンサイクルでは、修学旅行での要請で、レンタルマウンテンバイクを五十台も用意したことがある。こうした取り組みが浸透していけば、自転車文化の面も少しずつは広がっていくと思うんですね。

疋田●そうして、いろんな種類の自転車を体験してもらえば、日ごろ「ママチャリ」に乗っている人でも比較的すんなりと、自分に合った自転車を探すことができますよね。僕なんかは、町中で使うのならスポーツ用と「ママチャリ」の中間レベルの、クロスバイクなんかお勧めですけれどね。

宮内●こういうところに小売店の存在意義が出てくるんですよ。きちんとした自転車屋さんだと、用途に合った自転車を勧めてくれるんですよ。マウンテンバイクがほしいと客が言っても、用途を聞いてからアドバイスしてくれますからね。良心的なんです。

渡辺●けれども、先ほどから話題に上るように小売店がどんどん減っています。ある世界的に有名な自転車部品メーカーでは、市場を真剣に模索しているものの「先が読めない」とおっしゃる。「追い風」ムードに乗って新しい自転車をどんどん開発しても、投資過多で赤字になったり倒産する危険性だってあるという。つまり自転車産業も追い風なのか、逆風なのかを読めない、これが現状だと思うんですね。それから東京の赤坂には自転車普及協会、自転車産業協会、自転車道路協会という自転車三協会がありますが、このうち大規模自転車道路を管轄する自転車道路協会が先ごろ廃止されました。ムードと掛け声は追い風なんだけど、現実にこうした逆風もあるんです。

■自転車ライフを根付かせるために

宮内●大規模自転車道路については、一般の方へのインフォメーションが効果的になされていない。たとえば東京・多摩川のサイクルロードは信号にぶつからずに、けっこう遠くまで行けるんですね、羽田から羽村まで五五キロも。でも、現場に行ってもよくわからない。

渡辺●自転車を促進するために、レクリエーション用に造られてきたのが長距離の大規模自転車道路。しかし一面では、「一体誰が利用するんだ、金の使い捨てだ」と批判を受けました。結局、そのムードを今日に引きずってますから、地図上にも案内がないのかもしれません。

宮内●でも一方で地方では、良い大規模自転車道路が増えつつあるんですよ。瀬戸内しまなみ街道はわかりやすかったですね。自転車マークの付いた道案内があって、通行は有料ですけど入口で地図も入手できます。自転車のアプローチもループを描くようにして橋まで上がっていける。レンタル自転車もあって、乗り捨ても可能になっています。いわば「追い風」の象徴的存在だと思うんですよ。

渡辺●おそらくこの時期だから実現できたんでしょうね。

宮内●ええ、だから僕はもっと税金を自転車に投入してほしいという考え方なんですよ。たとえば東京都の小金井市や埼玉県の朝霞市には、自治体主催のサイクリング教室があるんです。自転車を通して身近の自然とふれあう。それでいて、ちょっとした冒険も味わえる。それを税金でやってくれたことが、とても嬉しいんですね。

渡辺●その気持ちはよくわかります。どうやって行政内で予算化するかが重要なんです。でも残念なことに、行政に明確な担当部署がない。それに「自転車乗りの視点」を持った人もまだ少ないんです。小金井市の例などは希有なことですね。教育委員会、警察、道路課など、関係機関の調整を経て実現しているわけですから。

宮内●民間が企画する自転車のイベントは沢山あるんですが、まず公道が使えない。なかなか許可されないんです。これがマイナーの悲哀ですね（笑い）。ですから、全部を底上げしないと……。

渡辺●行政マン一人ひとりの意識は高まっているんです。でも組織、仕組みとしては、その高まりを繁栄し得るまでには成熟していない。次の選挙には公約に自転車を盛り込まないと落選する、というぐらいのプレッシャーが生じないと大きくは変わらない。

宮内●ええ。現にサンフランシスコでは、自転車愛好家たちが代表を政界に送り込んで政治活動も行なっていますからね。自転車に愛着のある人を話し合いの現場に送り込まないと難しいんですよ。

疋田●それから忘れてはならないのが自転車を乗る人のマナーの問題。自転車が歩道を走ったり、車道を走ったり、違法駐輪に廃棄問題と、自転車が無責任な交通手段になっているんですね。それが自転車が低く見られる要因にもなっている。ヨーロッパではマナーやルールも徹底されていて、存在意義が明確になっています。だから変化も生まれるんですよ。どうも日本はいつまでも交通社会の継子扱いです。どうして警察は自転車をあんなに嫌がるんですかね。

渡辺●いままでは、基本的に警察の業務は、自動車交通の維持と交通事故の減少が中心です。ですが二、三年前から都市部では公共交通優先策を打ち出していますよ。

宮内●モラルの話に戻りますが、日本に在住している米国人女性の話で、大変ショックを受けた出来事があったそうです。それはスカートで自転車に乗っている姿を見かけたこと（笑い）。それと、どうしてヘルメットをかぶらないのかが疑問だったそうです。あまりにも身近にありすぎて、緊張感というものを忘れてしまっているんですね。

――欧米の自転車先進国では、モラルやマナーは親から教わるんですか。

宮内●そもそも市民権を得ている交通手段ですから常識として備わっていくんだと思いますね。

渡辺●まずは家庭ですね。その後は幼稚園から一貫した交通教育プログラムが用意されてあるんです。

宮内●日本でも交通警察が学校で指導しますね。でも内容がね。ぼくだったら最初に手信号よりも、「前乗り」「前降り」を教えます。

渡辺●いずれにせよ、この「自転車を活かそう」というムードの昂揚を、組織や仕組みに連動させなければならないと思います。放っておくと五、六年で消えてしまいかねないですね。たとえば自転車用道路の予算は、ガソリン税などの道路特定財源です。いまの国会でこの財源を道路だけでなく、ほかにも流用できるようにしようという動きが出ています。そうなったら真っ先に削られるのが自転車・歩行者部門だと思うんです。そうなると予算が少なくてもやれることを考えなければいけません。新しいものを造るだけではなくて、いまあるものを上手に使うということですね。たとえば裏道からクルマを締め出して歩行者・自転車に使わせるとかですね。ここで問題なのは社会への広報戦略です。自転車の重要性を社会に大きく知らしめる工夫が必要だと思いますね。

疋田●広報戦略で言えば、たとえばテレビドラマでキムタクが格好良く自転車に乗るだけで、大きな影響があるんですよ(笑い)。

宮内●いや冗談じゃなくて凄い宣伝効果だと思いますね。ある女性ファッション誌で自転車を小物として壁に立て掛けたところ、電話が殺到したという話もあります。何でも一番人気のない色だったけど、雑誌のおかげでその色が売上げトップに躍り出た(笑い)。

疋田●一般の雑誌でも、自転車特集を組むと、いまは売れるそうですね。私の番組でも自転車紹介コーナーを組んでみたところ、瞬間視聴率がアップしたんですよ。

渡辺●それは興味がありますね。間違いなく自転車に対する興味や関心が広がっている証拠でしょうか。

宮内●だと思います。だからこそ、まず自転車に乗ってみてくださいと言いたいですね。たくさんの人に自転車の良さに気づいてもらい、問題点を実感してもらって、それを大きな声にしていかないと社会は変わりません。

疋田●予算の問題もありますが、少し高価かなと感じるぐらいの自転車を、ちゃんとした自転車屋さんで、きちんとしたアドバイスを受けて買ってください。そしてサドルを上げてタイヤの空気をパンパンにして風を切る。目からウロコが落ちるほど新鮮な発見がありますよ。始めるなら一日でも早いほうがいいですね。

渡辺●狭い日本にはマイカーは似合わない、むしろ自転車こそ日本向きだと、私はずっと思い続けてきました。やっと社会が自転車に目を向け始めたという感じですね。このうねりの中で、自転車を活かした暮らしぶりを提示していかなければ、自転車文化の深化はあり得ない。自転車の魅力を伝えるいまが絶好のチャンスなんです。

(二〇〇一年九月三十日収録)

構成:細田真生　写真:水上知子

第２部

安全で快適な「自転車社会」をつくるために

九州東海大学教授　渡辺千賀恵

放置自転車問題、不法駐輪対策、道路行政、モラルの向上など、誰もが安全で快適に自転車を利用するための課題はまだまだ山積みのまま。よりよい自転車環境をつくるための具体策を、解説・提案する。

本誌第1部では、新しい視点で自転車を生活に取り入れたり、社会システムとして機能させようとがんばっている「自転車主義者」たちの活動を見てきた。しかし、全体的に見れば、自転車活用についての認識はまだ必ずしも社会的合意には至っていないと感じられる。市民や行政の関心はまだ断片的で熟していないのが実状である。

自転車を社会システムに組み込むには、物づくり(ハード)とともに、心づくり(ソフト)も大切である。自転車というテーマは、「脱クルマ社会」を目指す意識変革と不可分である。自転車はどこを走ったらいいのかという課題一つをとっても、社会的合意がなければなかなか答えは出ない。

そこで第2部では、自転車をめぐる社会情勢と課題について整理・考察し、自治体や市民らの具体的取り組みをさらに紹介することで、新しい自転車社会や自転車生活の可能性を示したい。

自転車をめぐる世相の変化

日本の自転車をめぐる世相は、大きく四つの時期に分けられる。戦前の日本では、自転車はリヤカーとともに荷物の運搬に使われていた(第一期)。しかし、戦後は人の移動手段としても使われるようになり、「人の乗り物」というイメージが定着した。それが、一九六五年ごろからマイカーが普及してくると、道路事情によって自転車は邪魔者扱いされるようになってしまった(第二期)。

その後、七三年の「石油ショック」がきっかけで、ガソリンを消費しない安価な乗り物として注目されるようになったが、路上放置が急増して、「自転車法」による駐輪対策が進められた(第三期)。そして最近は、「バブル崩壊」による不況と地球環境問題の両面から、自転車への関心がさらに高まっている(第四期)。

敗戦・石油ショック・バブル崩壊は、いずれも日本経済に大打撃を与えたが、同時に一方では自転車の保有と利用が増える契機になった。

歩道の「自転車通行可」

日本のモータリゼーションは一九六五年ごろから本格化しはじめ、いわゆる「クルマ社会」が出現した。しかし、当時は道路の絶対量が足りなかったので、道路づくりでは長さを延ばすことに主眼が置かれた。日本列島に道路を張りめぐらせるための道路事業は「画一的な大量生産」で行なわれ、結果として、この画一化は私たちのライフスタイルを大きく変えることになった。

「道」も「路」も訓読みでは〝みち〟と読む。発音は同じだが中身は異なることをご存知だろうか。「道」という漢字には、人が脇目をふらずに進むとの意味があり（例：剣道・茶道）、転じて「東海道」などと使われるようになった。いまで言うクルマの空間、車道にあたる。一方の「路」は、「足」と「各」（人）からなり、ヒト空間にあたる。一九五〇年代までは「道」と「路」が使い分けられていたが、やがて「路」のほうの〝みち〟が死語になり、「道」と「路」は画一的に〝どうろ〟と呼ばれるようになった。

この時代、クルマ社会の台頭によって、交通事故による自転車の人的被害はピークとなり、自転車側の死亡者数は年間約二千百人を記録した。道路交通法では自転車は「軽車両」であり、本来は車道を通らなくてはいけないのだが、クルマが道路を占拠するにつれ、歩道を走る自転車が多く見られるようになった。これは法律違反だが、自己防衛とも言える。

このような状況から、七八年に道路交通法が改正された際、歩道の「自転車通行可」が盛り込まれた。歩道すら完備されていないなかでの、やむを得ない緊急避難的な措置である。このときから日本では、自転車と歩行者が同じ空間を共有することになった。同時にそれは、対クルマでは「交通弱者」である自転車が、歩行者に対しては加害者になり始めたということでもある。

石油ショックと路上放置の発生

一九七三年の秋、第四次中東戦争によって、アラブ石油輸出国機構（OPEC）が原油の輸出量を減らし、価格を上げるという「石油ショック」が起きた。政府は石油消費を節約するために、「省エネ」を国民と産業界に訴えた。夏の冷房は摂氏二八度以上に制限されるとともに、半袖・ノーネクタイが奨励され、テレビ放映が深夜零時で打ち切られ、ガソリンスタンドに定休日が誕生した。

交通面にも大きな変化が起きた。ガソリンが一リットル当たり五十円から百円へと高騰したため、マイカー利用が減少、クルマの買い控えも起きた。石油ショックはクルマ社会を見直そうとする機運を生み、省エネの極めつけである自転車が脚光を

表－1 自転車利用の急増（福岡都市圏）

		1972年を100とする指数		
		1972年	1983年	1993年
代表交通手段	全手段	100	120	130
	自転車	100	400	500
端末交通手段	自転車	100	1680	2290

浴びるようになった。七三年の自転車保有台数は一挙に約六百万台も増え、新記録となった。前年は約百万台の増加だから、いかに突出した数値かがわかる。

実際、自転車は日常生活でよく利用されるようになった。利用頻度の増加を福岡県のデータで見ておこう（前ページ表1）。自転車の利用は「代表交通手段」と「端末交通手段」とに分けられる。前者は自宅から職場などへの移動であり、後者は鉄道駅への移動である。石油ショックの前年の利用量を一〇〇とすると、十年後には代表交通手段で四〇〇に、端末交通手段でじつに、一六八〇にまで増加している。

自転車の多様な長所

では、自転車はなぜ使われるのだろうか。それは、自転車が次のような長所を持っているからだ。

- 誰でも手軽に乗れる
- 市街地であればクルマよりも速い
- 意外に利用距離が長い
- 戸口から戸口まで使える
- 運賃がいらず安上がりである
- 適度な運動になり健康的である
- ふれあいの乗り物である
- 場所をとらない
- ガソリンを消費しない

クルマとの対比で着目すべきは、まずはスピードだろう（表2）。走っているときの速度では比較にならないが、信号待ちなどの停止時間も含めた速度で比べると、市街地の場合、クルマと自転車は大差がない。四キロほどなら、むしろ自転車のほうが速いといえるくらいだ。駐車スペースは十五分の一である。

また、″ふれあい″の観点からも自転車のメリットを指摘できる。クルマは閉鎖的な箱であり、ドライバーにとって道路は外界にすぎないから、″うち（車内）″のゴミをつい″そと（路上）″に捨てやすい。一方、サイクリングに″うち・そと″の区別はな

表－2 クルマと自転車の比較

			走行距離2kmの場合			駐車面積の倍率
			所要時間（分）	コスト（円）	CO_2	
クルマ	渋滞時		14	780	147	15
	平常時		11	780	108	
自転車	走行環境	未整備	16	120	0	1
		整備	11	120	0	
歩行			24	0	0	0,3

※「駐車面積の倍率」は自転車の駐輪面積を1としている

※自転車道網整備に関する調査委員会『自転車利用環境整備計画基本計画に基づく自転車利用の促進について』（平成11年4月）から抜粋して作成

く、空気感や季節を実感できる。

自転車法の制定

ガソリンを消費しない「クリーンな乗り物」である自転車の利用増加は、社会的・環境的に好ましい半面、自転車の鉄道駅への殺到、路上放置という問題を発生させた。とくに路上放置は、歩行者の通行を邪魔する、車道への駐輪がクルマの通行を妨げる、街の美観を損なう、火災時に救助の妨げとなるといった問題があり、現在に至るまで解決されていない。

一九七五年の全国市長会の調査で、全国の駅周辺に約三十万台もの自転車が放置されていることが明らかになった。この調査によってマスコミが放置自転車について取り上げるようになると社会問題化し、七七年には総務庁が「駅周辺における放置自転車等の実態調査」を始めた。この調査はそれ以降、現在まで三年ごとに定期的に実施されている。

この年、自転車についての法律制定の機運が国会で高まりを見せ、八〇年十一月には「自転車の安全利用の促進及び自転車駐車場の整備に関する法律」が公布、翌年五月に施行された。当時、自転車は関係各省庁の行政の谷間にあったが、一般的に「自転車法」または「自転車基本法」と呼ばれるこの法律は、駐輪場づくりや放置撤去などに法的根拠を与え、自治体が自転車条例を制定できるようにしたことで、世界にも例を見ない法律となった。

法律の施行後、全国の市町村が本格的に駐輪場づくりと放置対策に乗り出したという意味で、八〇年は「自転車行政の元年」と言ってよいだろう。条例（放置規制条例）の制定数は、自転車法施行の五年後には九十九件、十年後には二百十七件へと増えていった。最近では四百二十件を超しており、この数値は、放置自転車対策が全国に広まっていったことを示している。駐輪場の収容台数も、一九七七年の六十万台から、八七年には二百三十八万台、九七年には三百六十万台と増加している。

問題は山積みのまま

駐輪場づくりについては、量的な面でも対策の緻密さの面でも、日本の自治体はおそらく世界一の水準にある。しかし放置自転車は依然として大量であり、問題は山積みにされたままだ。たとえば、地価高騰で駐輪場用地が見つからない、撤去すれば自転車利用者から苦情が寄せられる、放置禁止区域を指定するとそこの放置は減るものの、すぐ近くの区域外に放置が移ってしまう、などがあげられる。

また、放置対策を進めるにつれて、対策費用も急上昇していった。東京都全体の自転車対策費の推移を見ると、八五年度からの七年間で約六倍に達している。九一年度の市町村をみると、杉並区は二十九億円、三鷹市は三十一億円という巨費を予算化している。人口十六万人の三鷹市が、人口五十三万人の杉並区よりも多額の対策費を用意したのである。市町村財政にとってこれは大きな負担である。

とくに駐輪場づくりにとって八九年は、辛い年であったと言われる。会計検査院がこの年の検査報告で駐輪場にふれ、「造っただけで、利用してもらう努力を怠っている」と指摘したからだ。「補助金行政ずさんさ変わらず」との見出しで新聞にも大きく報道された。ガラ空きだと指摘された駐輪場は、七八年度から建設省の補助金でつくられた百六十二ヵ所のうち、利用率が悪い十四ヵ所だ。その利用率は一〇～七五パーセントで、平均すると四八パーセント。十四ヵ所の事業費は合計約九億円、そのうち補助金の約四億円が無駄だとの指摘だった。

会計検査院の指摘を受けて、建設省は『街路事業事務必携』という行政テキストに、次のような二つの事項を追加した。

●個々の駅勢圏内を考える前に、まず都市全体の駐輪場計画を作ること
●バス路線などの将来を見通して、駐輪場を位置づけること

計画論から見て、まったく妥当な追加である。各駅にバラバラに駐輪場づくりを進めるのは効率的ではないし、バス事業の赤字問題と切り離して駐輪対策を進め得る段階にはな

いからである。ただし、この追加によって、駐輪場づくりとその関連分野は巨大な業務になり始めた。一つの駐輪場をつくるにも、都市全体やバス路線の将来像を射程に入れる必要が生じたからだ。巨大化した業務は、これまでの成り行きでそのまま市町村が背負いこんでいる。

次のような事例があった。九二年十一月、朝日新聞東京版に「防弾チョッキ」という見出しの記事が載った。東京・足立区の路政課が、防弾チョッキ二着を約十七万円で購入したい旨を予算課に申請した。この予算申請は認められなかったが、なぜ放置自転車対策用に防弾チョッキが必要だったのか。その駐輪場に十三人の住所不定者が、布団を持ち込んで住みつき、その背後には、駐輪場を宿舎として世話している手配師がいたのだ。退去してもらうために駐輪場の管理をしている路政課の職員が深夜に出向いたところ、ギラリと刃物を出された。手配師の居所を突きとめて、何度も足を運んで、やめるよう説得したという話なのだが、こうした身の危険が、防弾チョッキの申請になったというわけだ。

放置対策に乗り出した自治体の悩みは、当初は駐輪スペースの拡大だったが、次第に利用者のモラルの問題が大きく浮上してきた。任務と市民感情の板ばさみになり「身も心もぼろぼろ」になる放置対策は、「三K業務」と言われる人気のないポスト。「防弾チョッキ」を極端な例として軽視できない現実があるのだ。

このような状況を受け、九二年二月に「全国自転車問題自治体連絡協議会(全自連)」という組織が発足した。辛い業務を担当している行政マンが全国から集まり、参加した区市町村の数は百七十四(現在はもっと増えている)で、発足会場となった東京・練馬公民館は「立つ人も出て大入り満員」だったという。そもそもは、東京二十三区の課長の集まりである課長会のメンバーが、自ら全国に「行脚」したところからスタートしたのだが、会合に出席したある市の課長は次のように書いている。

「放置自転車問題で頭を痛めている全国の自治体が、今こそ団結して頑張るために、全国的な組織を作ろうではないかと、大変な熱意で呼びかけをされました。この会合に出席させていただいた私は、自分が放置自転車対策の仕事をしていていつも思っていた事を提起していただき、涙が出るほど感動した」。辛い体験した行政マンたちが、個々に取り組んでいただけでは限界があると感じて、横断的につながったのである。

自転車法改正への努力

総務庁は一九九一年六月、放置自転車の現状を把握するために市町村の声を直接聞く機会を初めて設け、その二ヵ月後に「自転車基本問題研究会」を発足させた。この研究会の目的は、第一に現行対策の問題点を根本的に洗い出すこと、第二に改善方策を検討することにあった。その成果は『放置自転車対策に関する調査研究』として翌年三月にまとめられた。

総務庁のこの報告書は一般にはあまり知られていないが、自転車政策の重要な分岐点になった。「自転車は今後、地球環境問題の提起により改めて無公害車として、あるいは地球資源制約上の観点から省エネルギー車として再評価され、その利用は更に増加する事が予想される」と、公的文献としては初めて放置問題と地球環境問題の関連性に言及したからである。

その提言を大幅に採り入れた自転車法の改正案がつくられ、各党・各省庁の合意を経た上で国会に提出された。そして九三年十二月、「自転車の安全利用の促進及び自転車等の駐車対策の総合的推進に関する法律」が公布され、翌年六月から施行された。以下、八〇年に制定された自転車法を「旧法」と呼び、「改正法」と区別する。

改正法には、旧法にはなかった重要な視点が盛り込まれている。駐輪需要が「著しくなると予想される地域」（例：商店街）でも駐輪場づくりに努める、自転車利用のために「総合計画」を定めることができる、といった項目である。この点で改正法は、過去のあと始末（対策）に加えて、将来展望（計画）も求めている。従来の対策は「駐輪場＋撤去」という組み合わせにすぎなかったが、自転車の役割がバスに匹敵するほどになった現在、「総合計画」をつくるとなれば、それは都市の交通体系全体を視野に入れたものになる。これによって市町村の業務は新たな段階を迎えた。

商店街と自転車商圏

改正法では商店街も視野に入れられたので、買い物時の自転車利用も対策の対象になった。東京都杉並区や千葉市の調査によると、家庭にある自転車の使われ方としては主婦の「買い物利用」がトップで、四〇パーセントを超えている。熊本市が一九九四年に行なった世帯調査でも、主婦の約三八パーセントが買い物に自転車を使っているとの結果が出ている（マイカー利用は二四パーセント）。買い物自転車への配慮なくしては、自転車を活かした今後のまちづくりは語れない。

商店街はふつう、買い物時の放置自転車を「困った問題」としてとらえているが、商店街の売上げは人の通行量におおよそ比例する。その意味で言うと、買い物時の放置自転車の多い少ないは、商店街の活力を示すバロメーターでもある。集客という観点からも、商店街は自転車問題を正面から考えてみる必要があるだろう。

　これは決して小さな課題ではない。商店街の活性化に「自転車商圏」という発想を持ち込むことになるからである。自転車商圏はマイカー商圏より狭いが、バカにできない広がりを見せている。買い物時に自転車を利用する人の移動距離は半径三キロと、意外と長いからだ。

　しかし、商店街内ではスタンス（姿勢）に違いがある。スーパーなどの大型店は自前の駐輪場を用意していることが多く、これから建設される大型店には附置義務が課せられるケースも出てくる。一方、小さな店は自前では駐輪場を用意しにくい。自転車客の多い店もあれば少ない店もあるから、駐輪対策への理解度はまちまちになりやすい。

　また、自転車客は駐輪したあと、あちこちの店をめぐることが多く、その動き（歩行動線）はかなり複雑である。したがって自転車を放置した客がどの店に行っているかは不明確で、「うちの店先に放置してあるが、うちの客ではない」という声も少なくない。商店街では、自転車への姿勢にこうした食い違いがあって、解決策を探るスタートラインに立つこと自体が大変なのである。

空論に近い発想から出発

　買い物時の放置自転車問題が現れ始めたころの実践例として、ＪＲ浦和駅の西口商店街のケースを紹介しておこう。これは市役所が課題を投げかけ、それを商店街が受け入れて解決した事例である。

この商店街は、一九八四年三月に放置禁止区域に指定された。指定に先立ち浦和市は、商店街の役員と話し合いを重ねた。最大の問題は、自転車客用の駐輪場づくりのための用地だった。市の努力もあり、国有地を買収してつくった駐輪場と、歩道の一部を活用する駐輪場の二つのタイプを組み合わせて、四ヵ所に計九百六十台分の駐輪スペースが用意され、来客者に「無料」で提供された。この結果、「行きやすい、使いやすい」と評判になり、利用者は少しずつ増え、買い物時の放置自転車問題はほぼ解消したのだ。

駐輪場は無料としたため、運営費は商店街が受益に見合った金額を負担した。大口負担者は伊勢丹浦和店である。伊勢丹の姿勢は「大型店は商店街の盛り上がりがあってこそ売上げも大きくなる。商店街が沈みがちであれば大型店も沈む。本来、両者は運命共同体であるはず」というものだった。

では、放置禁止区域の指定と、無料駐輪スペースの提供によって売上げはどうなったのか。伊勢丹の実績を見ると、放置禁止が指定された三～四月期の金額は、前年同期の約五十四億円に比べて約五十九億円へと増え、年間合計も増加した。「お客の半数以上は自転車利用者」という、食料品売場の売上げ増が貢献したの

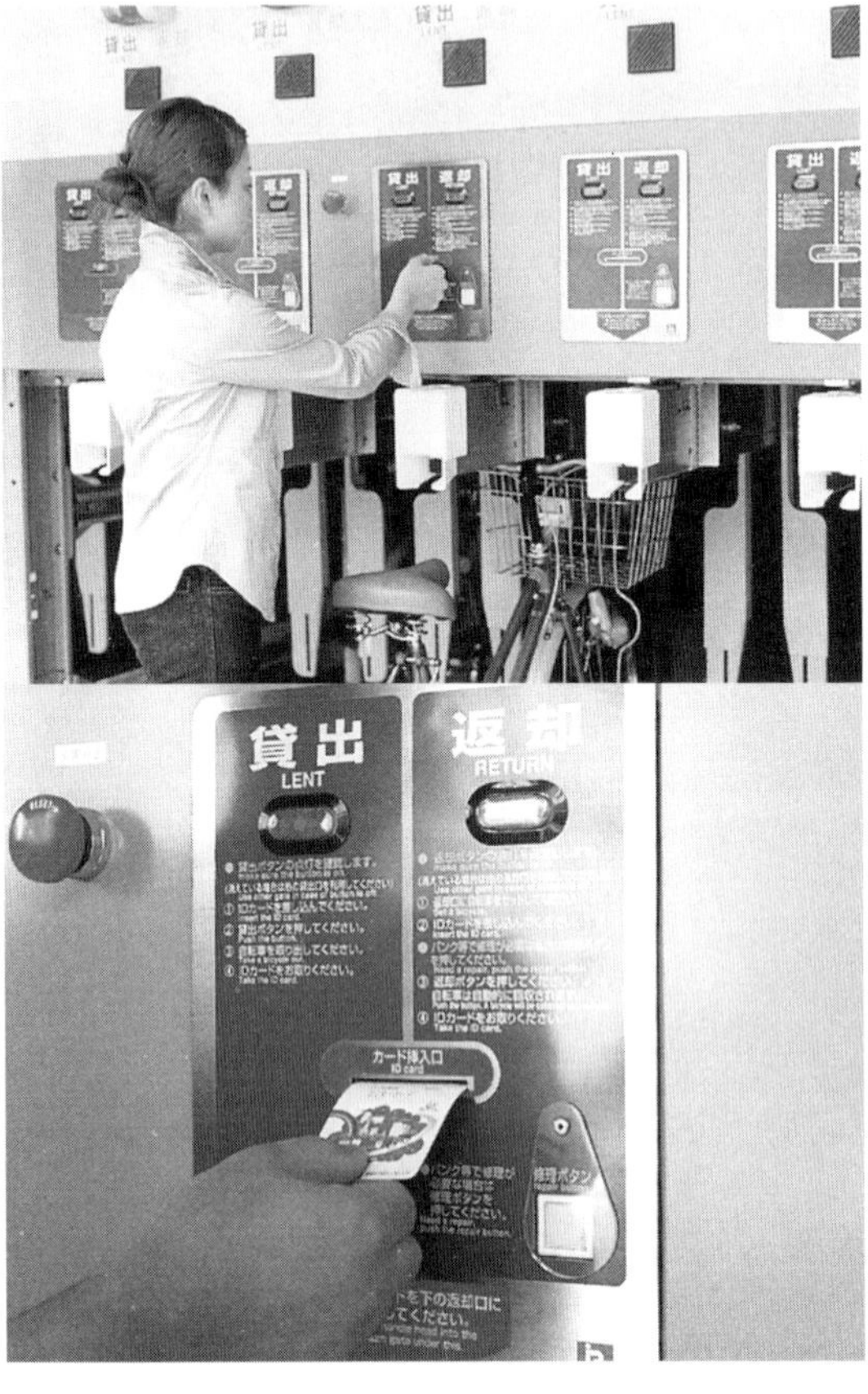

レンタサイクル駐輪場。磁気カードで自転車を貸出し、返却する。　写真提供・(株)リード

だという。
もちろん、商店街の立地条件や性格はそれぞれ異なるから、この一例だけで駐輪場の整備が集客戦略になると一般化するわけにはいかない。しかし、行政と商店街が協力したことや、各商店が固定観念を捨てて動いたこと、中核となる大型店があったことなど、学ぶべき内容は多い。とりわけ駐輪対策は活性化のチャンスといった、当時としては空論に近い発想は高く評価したい。

一台を二台に活かすレンタサイクル方式

商店街の駐輪対策にもさまざまな試みが見られるが、冒頭に述べたように駅前の放置自転車は、都市部が抱える大きな問題である。駐輪場をつくったものの十分に活用されていなかったり、ほかの交通インフラとの連携が考慮されていなかったり、運営の不備が指摘されている。

ところが昨今の駅前駐輪場には、日本独自の工夫やシステムが現れてきている。その一つがレンタサイクル方式という、会員制の有料貸し自転車システムだ。駅前の駐輪場に統一規格の自転車を配置し、出勤時などに自宅から駅までの移動にその自転車を使い、駐輪場に返却する(「順利用」という)。返却された自転車は、今度はその駅で電車を降りた人によって職場などへの移動に使われる(「逆利用」という)。

つまり、順利用と逆利用はその発生時刻がずれるから、一台の自転車が二回使われることになる。このレンタサイクル方式の狙いは、二つの利用を組み合わせることで一台を二台分に活かすことにある。駅に殺到する台数を減らす、駐輪場の規模が小さくてすむ、といったメリットがある。

自転車法が制定された一九八〇年、わが国初のレンタサイクル方式が、神奈川県の平塚駅に誕生した。駐輪対策が本格化した時期に、レンタサイクル方式への挑戦も同時にスタートしていたのである。しかし、その利用者数はあまり伸びなかった。利用率(=契約者数／自転車台数)を見ると、八四年で四一パーセント、九〇年で五二パーセントにとどまっている。駅付近に無料の駐輪場があったことが低迷の原因と思われるが、平塚駅での実践の意義は、アイデアを実現して目に見える形にして見せた点にある。

また八三年、埼玉県上尾市では上尾駅前にレンタサイクル方式を導入した。契約者数は開業から三年目で五百二十三人に達し、利用率は理想の二〇〇パーセントには達しなかったものの、一六三パーセントとまずまずの成果をあげた。上尾市の成功の理由は、すべての駐輪場を有料制に切り替えたことだ。無料が普通だ

った当時としては、勇気のある選択だった。そしてもう一つは、地元の高校が「逆利用」の利用者になるという協力もあったことだ。上尾の例は、条件が整えばレンタサイクル方式は成果を上げ得ることを示した点で、希望を与えてくれた。

一方、もともと逆利用の需要があまり期待できなかったが、あえてレンタサイクル方式を導入した例もある。八九年、東京・練馬区の大泉学園駅は、区民に新しいアクセス手段を提供する観点に立てば、逆利用の有無にこだわる必要はないとの考え方から、この方式を導入した。実際、スタート時の実績を見ても、逆利用は予想を大きく下回った。しかし、順利用の利用率は一〇〇パーセントの状態にあり、空き待ちも出た。駐輪場の規模は平面式に比べて半分ですみ、用地の節約というメリットも活かされた。「レンタサイクル方式＝順逆利用」というイメージにとらわれると、適用できる箇所は限られてしまう。この例は、そうした先入観を破って可能性を拡げた例として注目しておきたい。

「乗り捨て自由」方式の社会実験

前項で紹介したケースは、自転車を駅前に戻さなければならないため、その利用圏は限られる。もし隣りの駅にも同じ方式を導入すれば、二つの駅間で自転車を乗り捨てできるようになり、利用圏が拡がるとともに、近距離用の新しい交通システムが誕生する。

一九九二年、東京・練馬区内で乗り捨て方式の無料実験が行なわれた。これは、実際的な克明なデータを集めた点で、本格導入への第一歩となるものであった。

実験内容は次のようなものだ。西武池袋線石神井公園駅と西武新宿線上石神井駅に、同タイプの駐輪場を設置し、統一規格の自転車二百二十台ずつを配置した。利用者が磁気カードでゲートを開けて、自分で自転車を持ち出すようになっており、三百四十三名のモニターがこのシステムを実際に活用した。

この乗り捨て方式を体験したモニターのうちで、駅間利用を体験した人の七四パーセントが「ぜひ続けてほしい」、二一パーセントが「続けてほしい」と回答。合計で九五パーセント、極めて高い割合である。また、この実験では、「自分の自転車」から乗り捨て方式へ転換したモニターが六〇パーセントも占めている。これはレンタサイクル方式と同様に、乗り捨て方式もまた、駅前放置の減少に役立つことを示唆している。徒歩からの転換（二四パーセント）や、バスからの転換（一一パーセント）も少なくない。これは、徒歩圏とバス圏の中間領域で自転車を利用したことを示している。

　乗り捨て方式が実現すれば、バス網が空白であったり不充分であったりする地区に、新しい都市交通システムを提供できる。この「乗り捨て自由」方式は、自転車利用の新しい社会的システムとして位置づけておきたい仕組みである（二〇〇一年の秋には国土交通省が中心になって、阪神地区の二十駅を超す鉄道駅で、より本格的な実験が行なわれる）。

自転車と地球環境問題

　ここまで、放置自転車の問題や駐輪対策の問題を中心に見てきたが、自転車を社会システムに組み込む上で、もう一つ忘れてはならないのが地球環境問題である。「環境と開発に関する世界委員会」（ブルントラント委員会）は、一九八七年に「持続可能な開発」を提唱した。地球の資源は限られているから、目先のことだけを考えるのではなく、将来の世代に負担を残さない範囲で開発を進めるべきだ、という理念である。これは地球サミット（九二年）を経て、世界の共通認識になった。交通面ではCO_2を減らすべく、マイカー利用の抑制と、自転車やバス・電車の利用促進が、地球規模で重視されるようになった。

　九七年に京都で地球温暖化防止国際会議（京都会議）が開会された際には、日本は温室効果ガスの排出量を「六パーセント削減」することを約束した。会議に臨んで日本が用意していた削減目標値は二・五パーセントだったから、それをはるかに上回る数値を世界に約束したのである。そして、六パーセント削減を実現するための方法の柱として注目されたのが「自転車」だった。

　かつて石油ショックは自転車を見直す契機になったが、自転車を都市交通システムに組み入れるまでには至らなかった。石油ショック後の国内の産業は「重厚長大」型から「軽薄短小」型へと転換し、石油への依存度を減らした。世界では新しい油田が開発され、原油がだぶつくようになり、原油価格は以前の安い状態に戻った。これによって「省エネ」ムードは弱まり、自転車を社会システムに

表－3 地球温暖化対策推進大綱の施策体系

地球温暖化対策推進大綱の施策体系	
❶温暖化対策の総合的推進	ライフスタイルの見直し
❷CO_2の排出削減対策	①夏時間導入の国民的議論
❸その他の温室効果ガス対策	②自転車利用の促進
❹植林等の吸収源対策	③教育・啓発および情報提供
❺革新的な技術の研究開発	④政府の率先実行
❻地球観測体制等の強化	⑤緑化運動の展開
❼国際協力の推進	⑥モデル事業の実施

組み込もうという意欲も減退した。

しかし、今度は状況が違う。地球環境問題や地球温暖化防止が、自転車を社会システムに組み込む絶好のチャンスを与えてくれている。自転車というテーマに〝本気さ〟と〝永続性〟が強まっている。

自転車は列島スケールのテーマに

地球環境問題と自転車をめぐる国内の動きとしては、画期的な二つの出来事がある。それは、「全国総合開発計画（全総）」に初めて自転車が盛り込まれたことと、「地球温暖化対策推進大綱」が出されたことである。

日本全体の国土づくりは「全総」に基づいて進められおり、最新の全総は一九九八年三月に閣議決定された。その特徴は地球温暖化対策を重視している点で、全総としては初めて「自転車」に言及、「自転車の利用を促進するための質の高いネットワーク化された自転車道」「自転車駐車場の整備」について、新たな取り組みを強化すると明記している。

全総は日本全体を視野に入れる性質上、あまり細部には触れない傾向があるが、自転車利用の「促進」や自転車道、駐輪場といった具体的な項目が挙げられているのは、今後、自転車を社会システムに組み入れようとの決意表明であり、自転車が日本全体のテーマになったことを意味している。

九八年六月、政府の地球温暖化対策推進本部（当時の本部長は橋本龍太郎首相）は、「地球温暖化対策推進大綱」を決定した。その対策は十三項目に分けられ、その一つに〝自転車〟が盛り込まれた（表3）。自転車は石油を消費せず、道路渋滞の緩和にも役立つから、その利用を「促進」するために、走行空間や駐輪場を整備すると明記されている。

自転車走行空間は未整備

自転車が加害者になった交通事故

ハウテン市の幹線自転車道。太いグリーンベルトのなかを貫いて配置されている

ハウテン市の幹線自転車道

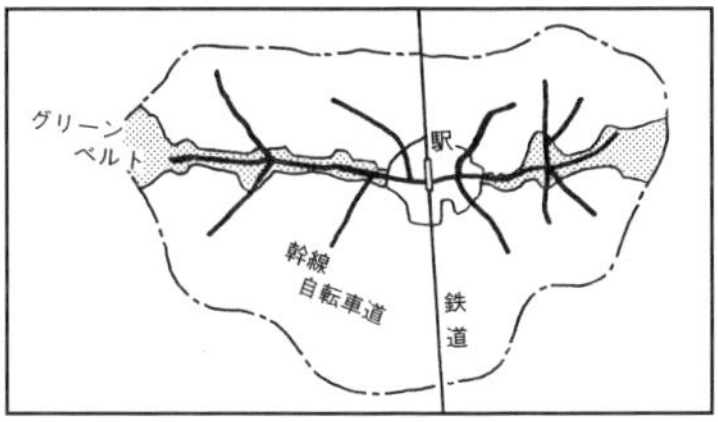

を分析した研究がある（注1）。それによると、人口十万人当たりの死者数・負傷者数では、自転車はクルマの三分の一。保有一万台当たりの事故件数では三五分の一となっている。一見、自転車が安全であるように思える。しかし、一億走行キロ当たりの数値を推計した結果（表4）を見ると、事故件数でこそ自転車はクルマよりもかなり少ないが、死者数・負傷者数では逆に自転車のほうが多い傾向にある。つまり、自転車は事故を起こしにくいが、事故を起こしたときの被害の程度はクルマに劣らないことがわかる。

自転車がこうした危険に直面しているもっとも大きな原因は、自転車専用の走行空間が十分に用意されてこなかったことにある。自転車道については国際比較できる正確な統計が見当たらないが、概略値で自転車一台当たりの道路延長を比較してみると、オランダの約千三百キロやドイツの約二百四十キロに対して、日本は約八十キロにとどまっている（次ページ表5）。

表－4 クルマとの比較（交通事故）

1億走行キロ当たりの数値（1998年）		
	自転車	クルマ
事故件数	18 ～ 40件	106件
死者数	0.8 ～ 1.9人	0.8人
負傷者数	112 ～ 248人	96人

※曽田（2000年）から作成（注1）

表－5 自転車道の国際比較

国名	年度	延長(km)	割合(%)	m／1,000台
ドイツ	1985	23,100	4.7	660
オランダ	1985	14,500	8.6	1,317
アメリカ	1988	24,000	0.4	240
日本	1997	6,925	0.6	95

※「割合」は道路全体に対する割合である

※自転車道網整備に関する調査委員会『自転車利用環境整備計画基本計画に基づく自転車利用の促進について』(平成11年4月)から引用

ハウテン市の道路網

自転車が世界でいちばん優遇されていることで有名なオランダの自転車道づくりの動向を、ここで紹介しておこう。

八代市の「緑の回廊線」

オランダでは住宅地からクルマを減らす方針をとっており、有望な実験的実践には予算をつけている。ハウテン市のケースはその典型で、自転車を中心に据えて、住区と道路ネットワークが設計されている(注2)。街の中心部に太いグリーンベルトが配置され、そのグリーンベルトを貫くようにして幹線自転車道がつくられている。

幹線自転車道には随所に分岐点があり、そこから近隣住区まで、幅員を狭くした支線ルートが途切れることなく続いている。見事に体系づけられたネットワークであり、大人も

子どもも自転車で安全・快適に走り回れるようになっている。わかりやすく言えば、日本のニュータウンの車道網を自転車道網に置き換えた状態がハウテン市だ。

マイカーの通過が徹底的に制限されていて、クルマは外周を取り巻く

環状道路から都市内に入り、速度を低下させながら住区に進入して自宅に着くようになっている。住区と住区を直接結ぶクルマ用の道路は用意されていない。クルマの側からすれば、便利さが最低水準に抑えられている。

　ハウテン市の住民は、この自転車優先策に対して高い評価を与えている。その第一の理由は、交通事故が極めて少ないことだ。実際、都市内部での自転車事故は皆無に近いという。第二は、子どもたちが自由に自転車を乗り回すことができること。こうした状況を反映して、ハウテン市に移住を希望する人は多く、三千人が入居待ちだと言われている。

ペンキで描かれた凸凹。
左端のブロックは実物ではなく、絵である

八代市の「緑の回廊線」

日本にも自転車道づくりに積極的に取り組んでいる自治体がある。

　熊本県八代市（人口約十一万人）は、市街地を一周する自転車歩行者専用道路「緑の回廊線」を建設中だ。市役所や三つの高校の近くを通り、JR八代駅とも結ばれている。回廊線が完成すれば、自転車で快適に通勤・通学・買い物ができる便利な骨格道路が出現する。自転車用にこうした骨格道路をつくるのは、国内初の事例だ。

「緑の回廊線」誕生の背景には、次の事情がある。八代市は、市街地が二～三キロ圏域に収まっていて、高低差は七メートルとほぼ平坦なため、もともと自転車の利用が多い。九〇年の国勢調査によれば、通勤通学の交通手段は、クルマ四七パーセント。自転車二七パーセントで、およそ四人に一人が自転車を利用している。しかし、市道の大半は幅四メートル未満と狭く、歩道のない区間や一方通行の区間が多い。クルマと出合い頭に事故に遭う自転車が目立ち、死者数は年間に十五～十六名、負傷者数は千二百～千三百名で推移してきた。

　八代市には、国鉄の民営化に伴って廃線となった引き込み線と、新しい農業用水路が整備されたのに伴い不要になった古い用水路という、二つの跡地があった。回廊線はそれらの有効利用である。跡地を車道にし

農道を活かした自転車空間（八日市市）

なかったことは大きな英断であった。

既存の道路空間を活かす

いま、日本社会は財源難の時代を迎え、公共事業はその必要性を再評価しようとしている。そうした状況で予算がつくのを待っているだけでは、事態はなかなか改善されない。安上がりに実行できる、さまざまな工夫を重ねるのが現実的だろう。具体的には、次のような観点をあげることができる。

- ●すでにある既存の道路空間をうまく活かす
- ●準備中・進行中のさまざまな空間計画に、自転車という視点を加味する
- ●関連する部署や各層が連携・共同する

既存の道路空間の活用については、「コミュニティ道路」という好例がすでにある。これは、車道を狭くする、蛇行させる、路面に凸凹を付けるといった、クルマのスピードを低下させるように工夫した道路のことである。一九八〇年に大阪市長池町に初めて導入され、その成功によって国の事業に位置づけられ、全国各地に普及している。「凸凹をつけるなどは、もってのほか」と言われた時期があったことを思うと、時代の大きな変化が感じられる。最近は、ペンキで路上に凸凹の絵を描く安価な方法も登場している。

さらに八四年にはロードピア事業が始められた。道路一本だけではなく、裏道全体にクルマ抑制策を拡大しようとの試みで、本格的な「歩車共存空間づくり」と言ってよい。

名古屋市は八六年から三年間かけて、ある地区でこの事業を進めた。その事後調査によると、歩行者用に指定した道路ではクルマの交通量が一〇パーセントほど減少、通過交通量は一六パーセントほど減少、車道を狭めて蛇行させた区間では、クルマの時速が五～一五キロほど低下した。交通事故については、それまで毎年二十五～三十五件が発生していたが、事業が進むにつれて大幅に減った。クルマの速度を抑えれば、交通安全に効果のあることが実証されたのだ。ただし、問題はその費用だった。名古屋市の場合、五十四ヘクタールのロードピア事業面積にかかった費用は、七億五千万円にのぼった。

河川敷を活かした自転車道（京都市内・賀茂川）

農道を活かした八日市市

農道を活用した例がある。農村風景が広がる人口四万人ほどの滋賀県八日市《ようかいち》市は、一九七三年という早い時期に、全国に先駆けてわが国初の「自転車都市宣言」をした。当時の市長の発案で、職員たちが「自転車都市構想に関するプロジェクト」チームを結成、道路を「市内の道」「他のまちとつなぐ道」「他県とつなぐ道」の三つのタイプに分けて、これらのうち「市内の道」に自転車の走行空間をつくろう、という取り組みをスタートさせた。道路をその役割によって分ける思想は、道路の段階構成論と呼ばれている。段階構成論はいまでこそ常識だが、高度経済成長期には「非現実的な夢」とみなされていた。そうした時期にこの考えを取り込んだ点には、八日市市の先見性、独自性がある。

以降、この方針が少しずつ実現され、現在では市内道路の四分の一に当たる、延長八十キロを超える自転車道が提供されている。実際の施工では、経費節約のために、既存の道路網をうまく活かすことが重視された。農道もネットワークの一部として活用されている。その点からすると、八日市の自転車道は見栄えが良くないかもしれない。しかし、都市計画部門と農村計画部門が垣根を超えて協力し合い、コストを下げたことは大いに学ぶべきだろう。

河川敷を活かした「せせらぎの花の道」

河川敷を活かすのも一つの方法だ。

京都の鴨川では、建設省（当時）の「ふるさとの川づくりモデル事業」として、「花の回廊」と呼ばれる散策路が、三条から七条にかけてつくられた。四季折々の花を楽しみながら散策できる空間づくりである。京阪電車の地下鉄化が一九八七年度に完了し、その跡地を活用した事業である。

京都府はこの実践を踏まえて、京都市内の、主に南北方向に流れている四十一河川の河川敷に、歩行者・自転車通路「せせらぎの花の道」を整備し、現在、ネットワーク化する事業も開始している。一方、市道を活かした「歴史の道」ネットワークづくりも、市の道路部門で進められている。こちらは主に東西方向に配置される。

つまり、この二つのネットワークを接続させることで、市域全体をカバーするという計画である。完成区間を見ると、天端《てんば》の歩行者通路は法的には河川管理用通路で、自転車歩行者通路は高水敷。市民はこれらの通路を、自己責任において自由に使用できるわけだ。

河川空間は市街地に残された貴重な公共空間であり、河川敷を歩行者・自転車の通路として活用できる余地がある。しかも河川敷はなだらかなので、自転車にとっては好都合だ。たとえば鴨川の場合、市街地の約十三キロ区間の高低差は六〇メートルほどで、実感としては水平に近い。また、河川空間内は用地買収や立ち退き補償が不要だし、土に固定剤を混ぜた〝土舗装〟を採用すれば、低コストですむと思われる。

総合計画に「自転車」を明記

「自転車」という認識を浸透・定着させるには、行政の公的計画にその位置づけを明記しておくことも大切だろう。

ある地方都市では、二〇一〇年度を目標年度とする新総合計画を作るにあたり、基本構想を起案する委員会を設置した。総合計画は「基本構想」「基本計画」「実施計画」の三種類からなり、基本構想は計画全体の性格を決める〝司令塔〟の役割を果たす。

この起案委員会の席上で、委員から「自転車を加えたい」との提起があり、委員全員の一致で「まちづくりの重点的取り組み」のなかに「自転車の利用を促進する」旨が追加された。これによって、自転車は各部署に共通する横断的テーマとして認識されるとともに、部署間が連携する条件が用意された。これまで駐輪〝対策〟の対象として見られていた自転車が、まちづくり〝計画〟の一要素に昇格したと言えよう。

明確な担当部署が存在しないと、アイデアが出されても予算請求の段階で宙に浮きやすく、結局は事業化されにくい。その意味で、総合計画などに明記しておくことは、まだ多分にムード的に語られる「自転車」を施策として具体化させる上でとても大切なことだ。

無償の「自転車のまちづくり委員会」

私たち自身が日常生活を見直すことも不可欠である。

人口約三万人の水俣市は、一九九七年に「自転車のまちづくり委員会」という組織を発足させた。この委員会では委員たちがまったくの無償で活動しており、会則は「委員に対する報酬・交通費等は支給しないものとする」と決めている。

委員二〇名は、市職員、PTA、青年会議所、商工会議所、婦人会、自転車商組合などのメンバー。学校関係からは校長が、JRからは駅長が参加している。それぞれ責任ある立場にあって忙しい人たちなので、集まるのは仕事を終えたあとの夜。これまで次のような具体的な実践を展開してきた。

- 市民アンケート
- タウンウォッチング
- サイクリング大会
- ノーマイカーデーへの参加依頼

タウンウォッチングでは自転車で市内を走り回り、どの道が安全で快適か、どこが危険か、路面の凸凹や段差はどうなっているか、などを点検した。この活動には派手さはないものの、確実さがある。まちの規模が小さくて予算がなくても、市民とともに考え始めることは可能なのである。

「ドイツ自転車クラブ」の活動

では、自転車先進国と言われる国ではどうか。

ドイツに「一般ドイツ自転車クラブ」なるものがある(注3)。一九七八年にドイツで自転車の国際見本市が開かれた際、クルマ優先の交通のあり方に対して「自転車に同等の地位が与えられるようにしなくてはならない」という考えが提起され、その翌年、その趣旨に賛同した市民十八名が集まって設立総会を開くとともに、社団法人としてブレーメン市に登録した団体である。九九年現在、会員数は十万人を超えているという。

この団体の最も重要な仕事は、自転車のための改善要求を積極的に主張していくことである。ドイツ十六州(旧・東独地域を含む)の各地に、総数四百に及ぶ支部があり、各支部はそれぞれの地区の個性に根ざして独自の活動を行なっている。その性格は、日本で言えばＪＡＦ(日本自動車連盟)に相当するらしい。保険事業も行なっているからだ。会費には保険料が含まれていて、自転車に限らず、公共交通機関などで移動中に発生した事故に、賠償が保険で支払われるという仕組みだ。

人口約十万人のヒルデスハイム市の支部は、支部会員数が約四百二十名。活動歴は十五年間ほどで、支部代表者はほぼ毎月、自転車をテーマとする市役所の検討会に参加して、一般ドイツ自転車クラブの理念を発言している。また、一年に一度、助役クラスと一緒に自転車でまちを走り、自転車にとっての問題箇所を具体的に指摘している。自転車を利用しない市上層部にも実感してもらって、適切な改善を確実に進めるためである。

この支部は市内の自転車道地図を

作成して、ホームページで公開している。行政が自転車の通行を認めていない道路区間をも、あえて点線で示している。早く公認してほしいとの気持ちを、こうして意思表示しているのだという。ほかにもさまざまなイベントを催している。毎年三月には商店街で自転車見本市を開き、四月には自転車フリーマーケットを開いて、中古自転車を自由に売買できる機会を設けている。六月の自転車ハイキング大会には、千人以上が参加するという。

　こうした大企画とは別に、毎月「自転車工房」を主催している。自分の自転車を自分で修理する催しで、参加費は無料。また、自転車旅行をしたいという会員には、週に一度、ルートの善し悪しなどを含めた相談にも応じている（無料）。

　一般ドイツ自転車クラブは、二十年来、こうした多様な活動を通して多くの会員を集め、自転車の権利を高める活動を続けている。ドイツでは、それが政策提言や世論形成の源泉力になっているのだ。一般ドイツ自転車クラブの目的を一言でいえば、「単に自転車交通の発展にあるのではなく、自転車スケールの経済社会の実現にある」。

スタートラインに立った自転車文化

自転車文化が成熟しているオランダ。この国では、子どもが親から最初にもらうプレゼントは自転車だという。子どもにとって自転車は〝思い出の品〟だから、それだけ大切に扱われる。そして、ただ自転車を与えるだけでなく、乗り方にも体系的な教育が行なわれ、路上試験をパスしたあとで子どもは独りで自転車に乗ることができるのだ。こうした教育――と言うより、幼いころからの〝しつけ〟が、成人後の交通モラルを形成している。

　一方、これまで見てきたように、日本の自転車文化はまだまだ序盤であり、スタートラインに立ったばかりである。たとえば、語彙が少ない。cycle（サイクル）という動詞を和訳するには、「自転車」に「乗る」という

二つのことばを使わねばならない。Cycling（サイクリング）という名詞に至っては、「自転車」に「乗る」「人」というように、三つも使わねばならない。そのために仕方なく「自転車利用」（cycling）とか「自転車利用者」（cyclist）といった、かたい表現が使われる。

そして、自転車への愛着を高めることも、これからの課題の一つだ。

路上放置の自転車は撤去されて保管所に運ばれるが、保管所が持ち主に連絡しても、引き取りに来ないことが多いのだそうだ。ある調査によると、自転車が返還される割合は、東京や大阪などの大都市では五〇パーセントを超すものの、地方都市では二〇パーセントほどにとどまるという。自転車の価格が安くなって、消耗品という印象が強まり、使い捨てされるようになったからだろうか。

一日に千百台を超す盗難

モラル面の未熟さも残っている。警察庁のデータによると、一九九六年の自転車の盗難届けは約四十一万四千台。岩手県北上署が九七年の刑法犯件数を集計したところ、全千八十八件のうち自転車盗難が四百七十八件（四四パーセント）を占めていた。被害届けを出さないケースもかなり多いから、実際の盗難台数はこれらの数倍になると思われる。盗難場所の第一位は駐輪場内で四六パーセント、第二位は路上で二六パーセント、第三位は自宅で一四パーセント。どこに置いても盗まれる可能性があるということだ。

珍しいデータがある。北海道のあ

る女子学生が、卒業論文で自転車盗（盗む行為）を取り上げ、七つの大学で四百三十二人を調べた。その結果によると、自転車を盗んだ経験のある者は二一パーセント（男性で三四パーセント、女性で一〇パーセント）。五人に一人が「前科」を持っていることになる。盗んだ時期は、高校時代が四四パーセント、大学時代が六四パーセント（複数回答）。盗んだ理由は、「歩きたくなかったから」「捨ててあると思ったから」がともに四〇パーセントであった（複数回答）。また、自転車盗みは許されるかとの問いかけに対しては、四五パーセントの者が「元の場所に戻せば許される」を選んでいる。

もしこの調査結果が例外でないとしたら、自転車盗みは犯罪ではないとの考えが、広く深く浸透していることになる。

もちろん明るい材料もある。「岩手日報」九八年二月七日付に掲載された記事に、わずかだが日本人のモラル向上への希望の光が見えた。

岩手県遠野市の高校生七人が約一年半にわたり、JR遠野駅前の歩道などに放置されている自転車を、駐輪場に移動して整理する奉仕活動をしているという内容だった。市内の公園で騒いでいたとき、警察署員に「世の中のためになることをしたらどうか」と諭されたのがきっかけだったという。「初めのうち放置はひどかったが、徐々に改善されていくのがうれしかった」と高校生たち。しかし、その奉仕活動を見て、乗客待ちのタクシー運転手も放置自転車の整理を買ってでるようになったというのだ。若者の活動が大人たちに好影響を与えた例である。

また、同じ岩手県の宮古署が九六年に、JR、自治会、学校などと連携して、駅前駐輪場をターゲットに「自転車泥棒追放作戦」を展開している。一斉点検や夜間パトロール、高校や中学校で被害防止懇談会、中学生による自転車整理、小学生によるごみ拾いなどをした結果、活動一年目にして、盗難は二百七件から七十三件へと大幅に減った実例もある。

子どもたちには年齢制限がかけられている

自転車の長所は誰でも手軽に乗れることだ、と前述した。しかし、それは正確ではない。手軽に乗れない人々もいるからだ。まず、高齢者。ときどきは自転車に乗りたいが、高齢者でも乗れるような自転車は売られていないという声を聞くことがある。次に、身障者。「サイクリングは自分たちにはまったく無縁なことだと思い続けていた。手足の不自由なわたしたちには、自転車ははじめから乗れないものだ」（注4）という声がある。最近では、高齢者でも手軽に乗れる電動アシスト自転車や、身障者用のタンデム車（二人乗り自転車）などが開発されているが、本当に誰もが乗れるようにするには、もっと多様な形と構造の自転車を開発してほしい。

そして、最後は子どもたちだ。じつは、子どもたちには、路上で自転車に乗ることに年齢制限がかけられているのだ。

Mちゃんは保育園のころに十キロ程度のサイクリングをこなせるようになった。親と一緒に川沿いを往復したり、アップダウンのきつい道を通って、買い物について行ったりしていた。ところが、小学校に入学してみると、「四年生になって校庭で教習を受けてからでないと、道路で乗ってはいけない」という。入学後初のPTA総会で父親は訴えた。「教習だけでいきなり解禁するのは、かえって危ないのではないか」。これに対して学校側は、「親が責任を持って同行する場合に限り、三年生以下も路上運転を許す」と回答した。子どもたちの安全を守るための規制策とはいえ、学校側も苦しい立場にある。

また、ある新聞の投書欄には、こんな意見も載った。「わが家の八歳の娘も友だちと自転車で遊ぶのが楽しくて仕方がない。でも小学校からは、公道での乗車は四年生以上だと言われている。公園はゲートボール場に使われるので自転車は入れてもらえない。じゃあ、私たちはどこで乗ればいいの？　と娘が困ったように言う。クルマに気をつけてねと言いつつ、家の近くで遊ばせるしかない」

このように現在、全国の多くの小学校で、三年生以下の児童は公道での自転車遊びを禁止されている。まして幼児に対しては、安全教育のなかで自転車という視点が空白になっている。ところが実際には、四～七歳でほぼ全員が自転車に乗れるようになっている。そして、仲間たちと一緒に遠乗りをしている。

一方、親たちは矛盾した心境で日々を暮らしている。親たちの相反する二つの代表的な声を紹介してみよう。

「自転車に乗れることは、生活していく上で必要なこと。禁止するのではなく、いかに注意して安全に乗りこなすかを教えていきたい」

「事故が心配なので、遊びに自転車を使ってほしくない。もう少し大きくなってから使えばいいと思う」

子どもの発達にとって自転車遊びは良いことだが、交通事故が心配の種。これが親たちの平均的な気持ちだろう。ちなみに、親たちの約三〇パーセントが事故を「とても心配」しており、約六〇パーセントが「少し心配」している。合計で九〇パーセントという高い割合だ。

では、家庭内でどのように指導されているのか。子どもと一緒に自転車に乗って、走り方を実演して見せた親は、四人に一人だけ。あとは、ことばで注意するにとどまる。親たちは教えたつもりでも、子どもには染みこんでいない、と見ておくべきだろう。

自転車は子どもにとって、いわば大人たちのマイカーにあたる役割を果たしている。自転車遊びを通して友人との交流がうまれ、遠出をするなかで町並みを知り、いろいろな人に出会って、少しずつ成長をしていく。自転車はいわば社会を認識する道具なのだ。ただし、そのためには安全が保障されねばならない。彼らは将来の日本社会を支える国民である。自転車モラルや自転車文化を育む上で、こうした現実と安全教育とのギャップは、決して軽視できない。

結語と展望

以上、自転車を取り巻く情勢について概観してきた。自転車というテーマは、市民一人ひとりが自分の生活スタイルを見直すとともに、お互いの立場を尊重しつつ発言し得る契機になる。みんなで考えて行動するという、心づくり（社会的通念の形成）を包含しているからだ。

自転車を社会システムに組み込むうえで大切なのは、第一に、市民各層に社会的な合意（コンセンサス）を形づくることである。そのためには、何らかの共通目標が必要だろう。国レベルでいえば地球温暖化防止がそれにあたる。しかし、市民一人ひとりが納得して動き出すには、もっと直接的で、日常的な動機が必要だろ

う。

つまり、邪魔な自転車に腹を立てているドライバーでも、「そのためなら仕方がない」と思えるような、そうした共通目標を設定することが不可欠なのだ。そうした目標の一つは、子どもの自転車遊びの安全性に注目することだと思われる。このテーマであれば、各家庭の母親はもちろんのこと父親も参加できるからである。子どもに注目するのは、将来の日本社会を考えるのと同じ次元のテーマだと言ってよいだろう。

第二は、各市町村が身の丈に合った工夫をすること。人口百万人のまちと、十万人のまちとでは、予算規模一つをとっても事情が異なる。やれることを一つずつ着実に進めていきたいものである。

こうした動きが日本社会の隅々にまで行き渡るには、若干の年月を要するであろう。個人・市町村・国・社会それぞれのレベルにおいて、紆余曲折も予想される。しかし、戦後五十年を総括すべき大きな転換点にあることは確かである。また、クルマとの折り合いを模索して、第一歩を踏み出すべき時期にもある。地球環境問題や地球温暖化防止という潮流が、この大きな課題に着手できる機会をもたらしている。

私たちはかつて、社会のムードを大きく変えた実績を持っている。交通事故を半減させた大作戦がそれである。一九六九年、交通事故のあまりの増加に対して警察庁が出した交通非常事態宣言をきっかけに、国民総ぐるみとも言える規模で、交通安全対策基本法を制定、交通違反の点数制度のスタート、反則金の一律の引き上げ、スクールゾーン規制の開始といった、さまざまな対策が次々に重ねられていった。

こうした一連の努力は顕著な成果となって現れ、十年間に事故件数をピーク時の約半分にまで減らし得た。この成果は「壮大なる社会実験」とさえ言われたのである。私たち一人ひとりが自覚を持って行動すれば、社会全体が変わるということを、この成果は示唆している。これから自転車というテーマを考えていく上でも、忘れてはならない歴史的事実である。

なお、誌面の都合で触れなかった論点も少なくない。詳しくは、拙著『自転車とまちづくり』（注5）を参照ねがえれば幸いである。

（注1）曽田英夫「交通統計にみる自転車事故」『交通権』第一七号、三四～四八頁、二〇〇〇年。
（注2）新田保次・三星昭宏「オランダの自転車交通政策とサイクル都市ハウテン」『都市問題』第八三巻、第五号、五三～六一頁、一九九二年。
（注3）清水真哉「一般ドイツ自転車クラブ」『交通権』第一七号、二四～三三頁、二〇〇〇年。
（注4）真鍋博『歩行文明』中公文庫、四六頁、一九八五年。
（注5）渡辺千賀恵『自転車とまちづくり』学芸出版社、一九九九年。

付録

サイクリングロード紹介／自転車情報一覧

自分に合った自転車を選んだら、実際に走ってみよう。自宅の周辺からちょっと遠出して、自然の景色を楽しみながら走れるサイクリングロードはどうだろう。初心者でも家族でも楽しめる、おすすめサイクリングロードを紹介。

湿原や公園に遊ぶ

釧路阿寒自転車道

ＪＲ釧路駅から釧路湿原を通り大楽毛駅に至る、一般道と合わせて約五〇・四キロのコース。丹頂鶴の飛来する公園や北方動物園、自然休暇村など大自然に恵まれたルート。やすらぎと楽しさあふれるサイクリングが実感できる。

釧路駅を出発して釧路河畔公園、全天候型体育館の鳥取ドームを過ぎると街並みはなくなり、雄大な国立公園の釧路湿原が広がる。途中の北斗休息所には、アスレチックコートがあり、子どもたちに人気の場所だ。このあたりから湿原はなくなり、北海道ならではの広大な道が続く。釧路市動物園遊園地までが約二〇キロだ。ここから桜田休息所を経て、阿寒中央公園まではゆるい上り坂だが、最高所でも標高四〇メートルないので、それほどきつくはないだろう。周辺には、炭鉱と鉄道館やあかんランド丹頂の里、そして阿寒町の長い歴史と知恵の足跡が展示されている阿寒町郷土資料館などがある。また、サークルハウス赤いベレーは阿寒町サイクリングターミナルで、釧路市と阿寒湖温泉のほぼ中間に位置しているので、ここを拠点に新たにサイクリングを楽しんでみるのもいい。

自転車道はここから、釧路市方面へ折り返すように向かう。途中にある丹頂鶴自然公園は、日本初のもの。自然を生かした敷地内には、人工孵化した丹頂鶴が餌をついばんでいる。ここを過ぎれば、終点の大楽毛駅までは一〇キロあまりだ。

コース内には鶴野、北斗、桜田の各休息所が適度な間隔で設けられており、トイレも整っている。

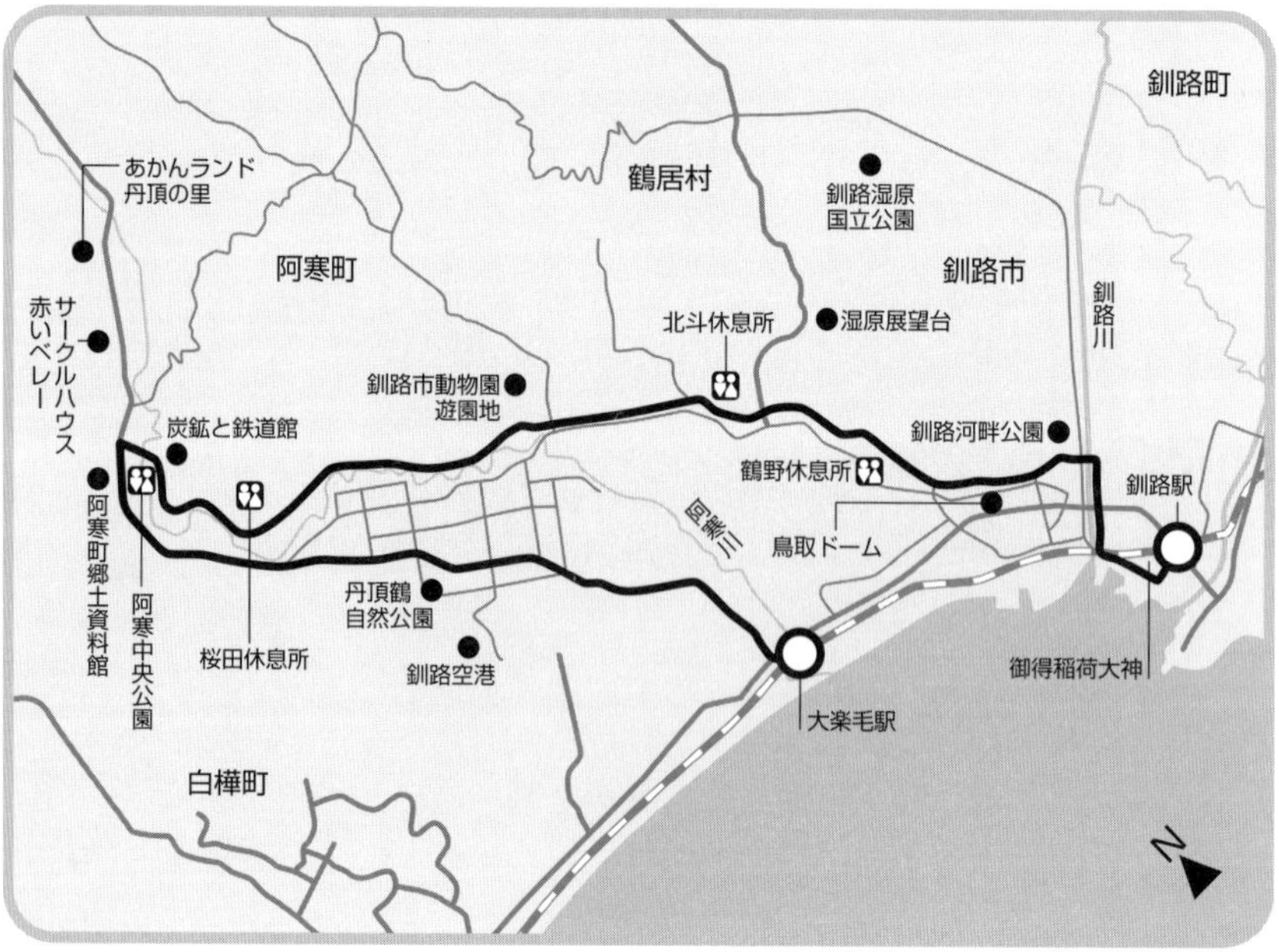

公園とリバーサイドが気持ちいい
渡良瀬川自転車道

群馬県と栃木県の二県五市町にまたがり、渡良瀬川の河川敷を軽快に走るダウンヒルコース。JR桐生駅から藤岡駅まで、川沿いの四二・五キロを結ぶ。周囲には公園や史跡が数多くあり、ファミリーサイクリングにも最適だ。

桐生駅は標高約一一〇メートルにあり、ここから自転車道はすぐ渡良瀬川に出て、ゆるやかな下りが続く。小俣公園を過ぎると、足利が生んだ幕末の画家、田崎草雲の作品や遺品などを展示している草雲美術館がある。そして足利公園を経て足利市内に入るが、この間、自転車道から少し入ったところに、丘陵地帯の自然を生かして造られた織姫公園と、広大な山を整備して、春にはツツジが咲き乱れ、秋には紅葉が素晴らしい山前公園がある。

また、足利市内には足利氏二代目の義兼が一族の学問所として興した、日本初の総合大学・足利学校や、足利氏宅跡、八幡古墳群など見どころが多い。

渡良瀬運動公園を過ぎると、再びのどかなリバーサイドの風景がしばらく広がり、終着地の藤岡町までおよそ二五キロ続く。道はわずかに下っているが、ほとんど平坦に感じる。

藤岡町が近づいてくると、サイクリングロード沿いに、グライダー滑走場があり、週末ともなるとグライダーやパラグライダーの優美な姿が見られる。そして、終着地の渡良瀬遊水地は南北九キロ、周囲二九キロにもおよぶ、見渡す限りの草原が続く。

緑の風景のなか、自然を肌に感じながら悠々と走れるコースだ。

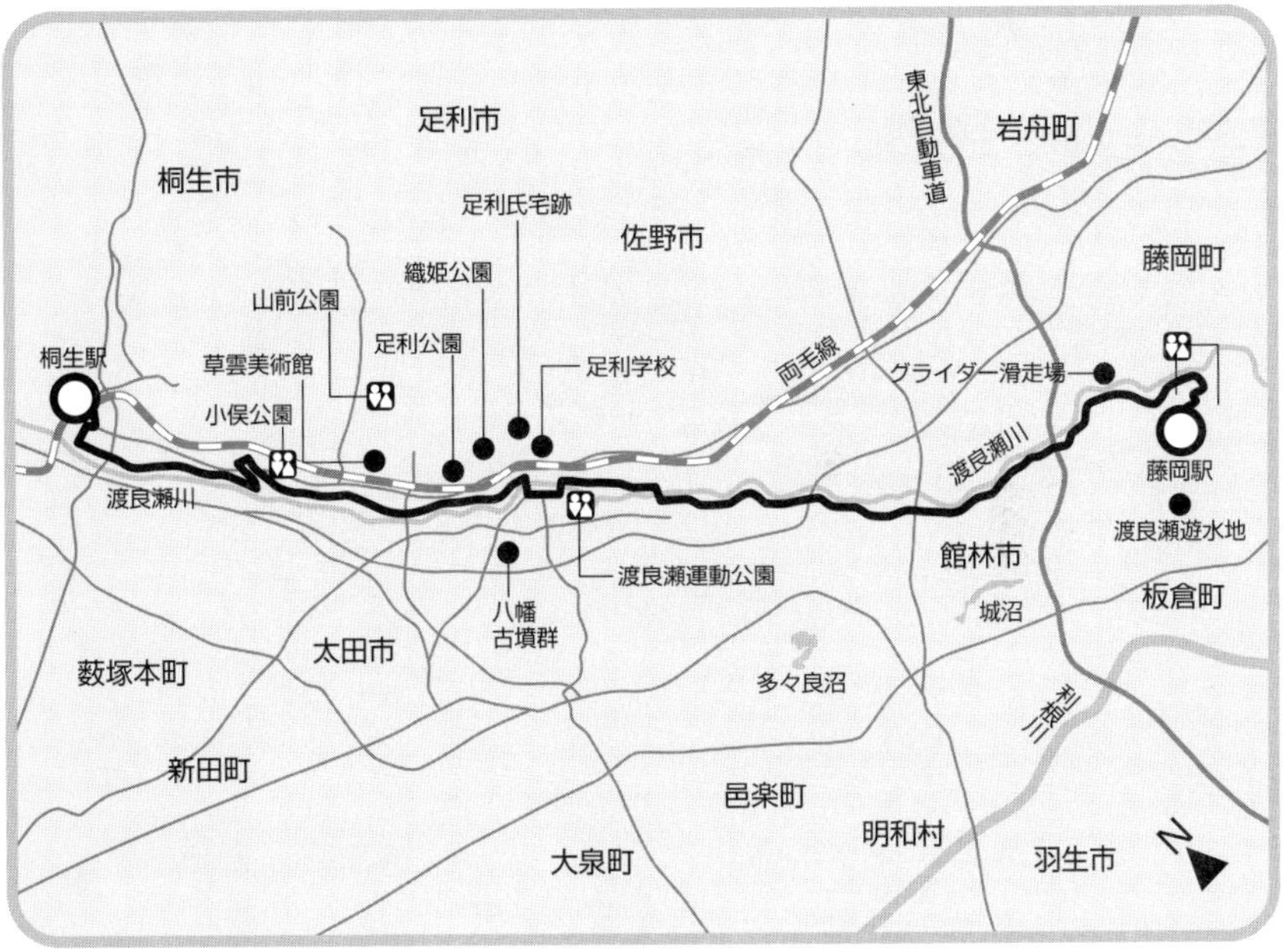

のどかな土手の道がさわやか
多摩川サイクリングコース

神奈川県と東京都の境を流れる多摩川に沿ったコースで、河川敷の運動場や公園が豊富なところ。ＪＲ南武線の中野島駅から、京浜急行大師線の産業道路駅までの約二四・五キロの行程である。

中野島駅がスタートになっているが、小田急線の向ヶ丘遊園駅も近い。まず、ここから多摩川の土手にある自転車道に出れば、あとは一路川崎に向かって、よく整備された道が続く。行程のほとんどが土手上の道なので、走っていても気持ちがいい。

出発地から一〇キロほど、二子玉川園を越したところに等々力緑地がある。北に多摩川の流れる半円形の緑地で、Ｊリーグの試合も行なわれた陸上競技場、テニスコートなどのスポーツ施設やふるさとの森がある。

また、川の対岸になるが、等々力渓谷は、不動の滝から谷川沿いに上がってゴルフ橋まで、見事な渓谷美が続いている。切り立った渓谷に樹木が茂り、ひんやりした空気と小川の水音があたりを包み、大都市のすぐ近くとは思えないところだ。休憩を兼ねて、ぜひ立ち寄ってみたい。

その先にも、台地に自然林が広がり、野鳥の姿も見られる多摩川台公園や、都内最大級の前方後円墳「亀甲山古墳」がある。自転車道は河口にほど近い大師橋で終わるが、すぐ近くにある関東の三大師の一つ、川崎大師まで足を延ばしてみたい。

多摩川沿いに、さまざまな景色の変化を楽しみながら、風を受けてのんびりマイペースのサイクリングができる。

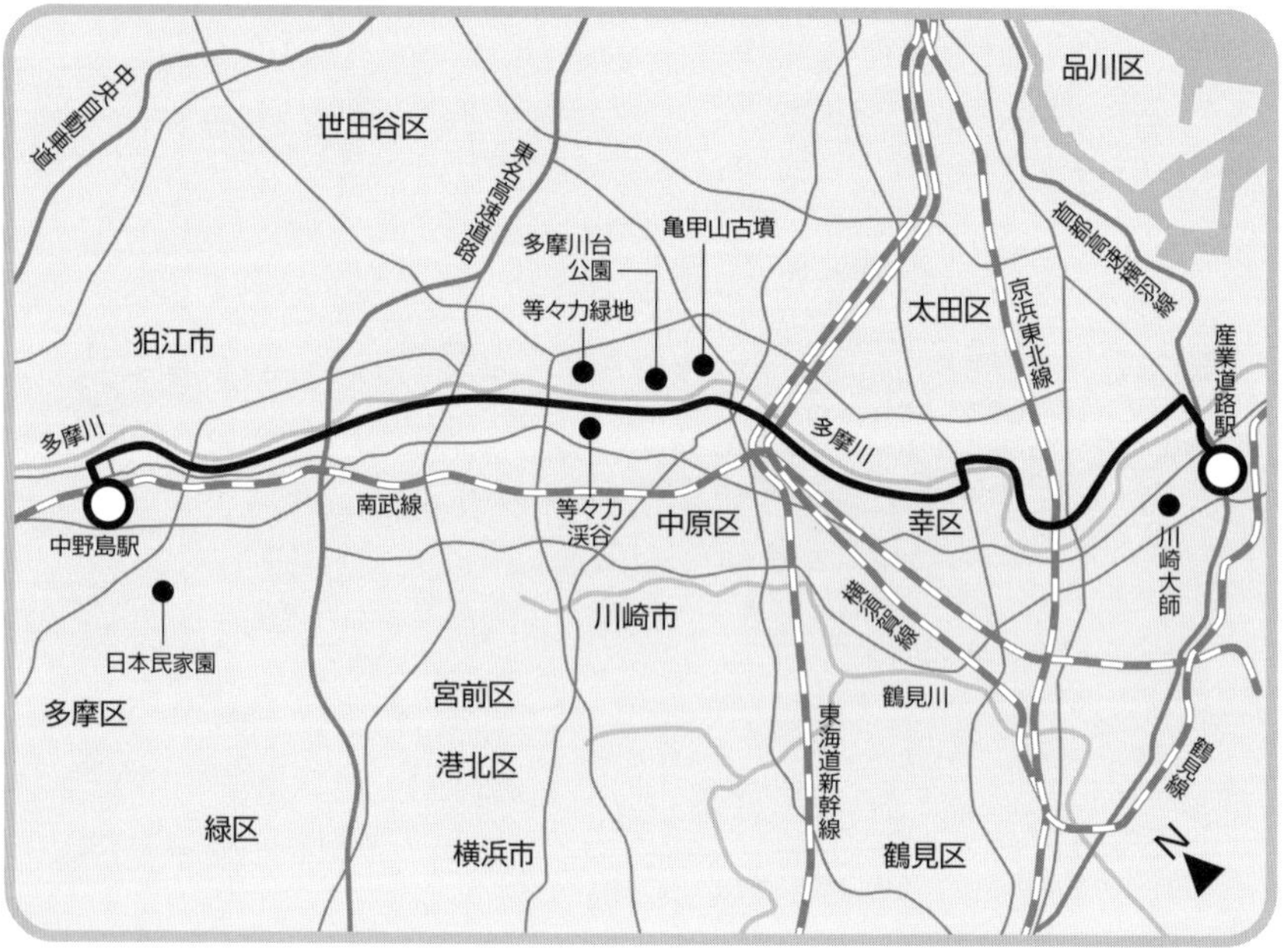

武蔵野の自然の中を走る
多摩湖自転車道

吉祥寺と東村山市の多摩湖を往復する約四〇・五キロのコース。井の頭恩賜公園から多摩湖までの間には数多くの公園があり、まさに湖や自然を楽しむルートだ。

若者たちで賑わう吉祥寺の街を抜け出ると、すぐ見えてくるのが大正二年に開園した日本初の郊外公園、井の頭恩賜公園だ。御殿山の雑木林、水鳥の浮かぶ井の頭池、自然文化園があり、武蔵野の面影をいまに伝える憩いの場である。

そのすぐ先にある山本有三文庫は、洋館づくりのしゃれた家。青少年のために寄付された文庫で、記念堂と児童図書の閲覧室がある。『路傍の石』はここで執筆されたという。道はこのあたりからほぼ直線に延びていて、沿道では武蔵野の面影が偲ばれる大木や林、古民家などがところどころに見られる。

途中にある小金井公園は、広大な面積の公園で、芝生広場が広がり、梅林や桜の園、雑木林、バードサンクチュアリーのほか、武蔵野郷土館や古代村もあって興味深い。さらに東村山公園を過ぎてしばらく行くと、狭山公園だ。ここからは多摩湖が一望でき、アカマツ、サクラ、クロマツなどの自然林が素晴らしい。園内には清らかな湧き水が流れ、ホタルの名所になりつつある。映画『トトロ』の舞台とされた森もこの近くだ。

また多摩湖は、東京都の水瓶でもある。周囲には桜並木が巡らされ、憩いのスペースになっていて、春は桜、秋は紅葉が楽しめる。多摩湖一周や美しい自然の快走はもちろん、周辺の名所を走るほどに新たな発見があるコースだ。

高原の自然と空気がさわやか
軽井沢サイクリングコース

避暑地として名高い旧軽井沢と、自然にあふれた南軽井沢を巡るコース。

旧軽井沢を一周するコースは約九・八キロ。軽井沢駅前の道を直進し、軽井沢銀座手前を右折して万平通りへ。そのつきあたりにクラシックな佇まいの万平ホテルがある。二手橋付近には芭蕉句碑のほか、軽井沢を初めて紹介したショーの記念礼拝堂などがある。この道を逆にたどると軽井沢銀座。少し戻って右折すると、カラマツ林に囲まれて白い十字架が輝く、聖パウロ教会が見えてくる。そして三笠通りの美しいカラマツ並木を行ったところに、重要文化財の旧三笠ホテルがある。明治に建築された木造の純西洋館で、軽井沢発展の中心的存在だ。並木道を戻って右折し、小さな橋を渡ると、その先は「ローンパインの小径」と呼ばれる林の中を走る静かな道が続く。途中にあるホテル鹿島の森で休憩するのもいい。そして、四季の彩りが美しい雲場池から木立のなかを走って軽井沢駅へ。

もう一つは、軽井沢駅から南・中軽井沢を巡る一一・五キロのコース。プリンス通りを南下し軽井沢バイパスに入ると、ここからは自転車専用道だ。この近くの塩沢湖を中心とした軽井沢タリアセンは、緑あふれる敷地が広がり、ペイネ美術館など三つのミュージアムがある。周辺には軽井沢高原文庫や絵本の森美術館などもあり、林に囲まれた湖と浅間山の調和が美しい。そして国道一八号に出ると左が中軽井沢駅、右が軽井沢駅方面だ。視界の広い南軽井沢エリアは、開放感が魅力のコースだ。

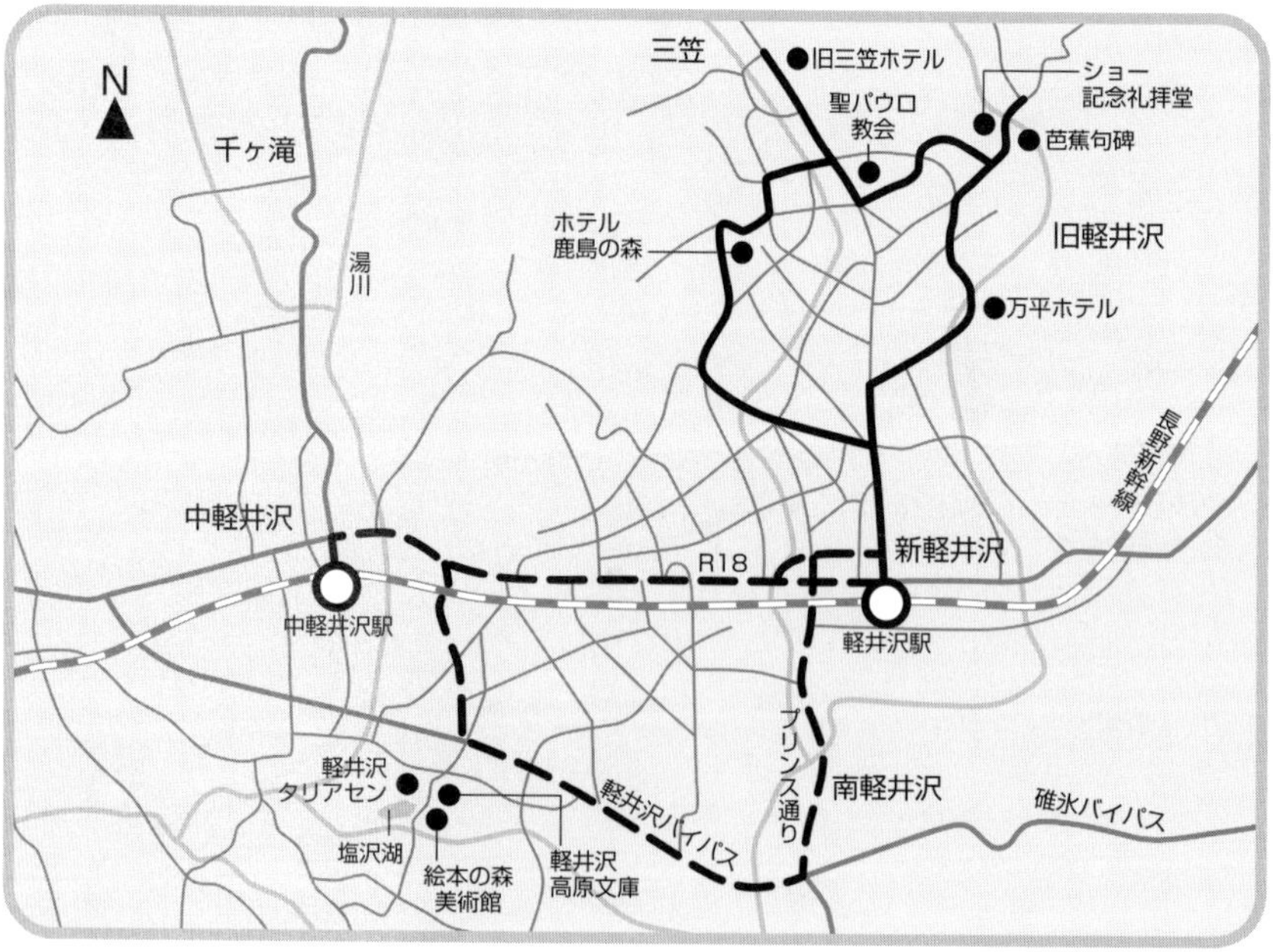

さわやかな湖畔巡りが楽しめる
山中湖自転車道

河口湖を起点に山中湖を一周する約三〇・三キロのコース。JR河口湖駅から富士吉田市に入り、忍野村を経由して山中湖をたどる、山や森、湖の自然に満ちたルートで、周辺はレジャー施設も豊富だ。

河口湖駅からしばらくは市街地が続くが、途中に富士を望む一大レジャーランドが富士急ハイランドだ。町はずれにある富士浅間神社は、富士吉田登山道の入口にあたり、本殿は桃山時代の高壮な建築。境内はうっそうとした老杉、檜に覆われている。ここからコースは国道一三八号線に入り、ゆるい上り坂になる。

富士山北麓の樹林の中に入ると、道はほぼ一直線となるが、その途中を左に入り、忍野村へと向かう。ここからはゆるい下り坂と平坦な道が続く。忍野八海は、北麓の観光名所の一つで、富士山からの伏流水がつくりだした泉は、日本名水百選のひとつ。清らかな湧池に、富士山とわらぶき屋根の家という風景に出会える。

その後はハリモミ純林帯と呼ばれる森の中を走る整備された道が続き、軽快だ。この純林帯は、徳川時代に「御巣鷹禁伐林」として保護された広大な溶岩地帯で、そこに群生する純林は世界的にも珍しい。バードウォッチングにも格好の地である。

この森を抜けると、突然のように眺望が開け、豊かな水をたたえた山中湖に出る。四季の彩りが美しく、湖面に映る逆さ富士や紅富士が美しい。湖畔には自転車専用道が設けられていて、さわやかな湖畔のサイクリングが楽しめる。

古都を流れる川沿いに走る
京都八幡木津自転車道

京都市の西南に位置する木津町のJR木津駅を起点に、京都市内の嵯峨駅まで五市町を結ぶ約四八キロのコース。木津川から桂川、鴨川と、川に沿って茶どころを走るルートだ。

木津川駅を出発して川沿いに約一〇キロほど走ると、左手に春日神社が見えてくる。室町時代初期に建立されたと言われ、本殿のほか数々の社宝を持つ神社。近くには京都厚生年金休暇センターがあり、宿泊も可能だ。さらに進むと、コースから少し左に入ったところに、荒廃していた妙勝禅寺を、一休宗純が国師の遺風を募って再建したという一休寺がある。川の反対側、城陽市にはサイクリングターミナル「アイリスイン城陽」があり、周辺は多目的なスポーツゾーンになっている。時間があれば、近くの青谷川に沿って天の山、一目千本、白坂などの景勝地が続く青谷梅林も訪れてみたい。

出発してから約二〇キロ、コースのほぼ中間に位置しているのが、木津川にかかる流れ橋。大水のたびに流れることから名がつけられたと言われる。昔ながらの風情のある橋だ。さらに進んで御幸橋を渡ると、コースは桂川沿いに入る。その左手の男山の山頂にある石清水八幡宮は、山中から湧き出る清水を神としてまつった全国屈指の神社である。そして、桂川の右岸を進んで京都市内に入り、西大橋を渡ると、桂離宮や嵐山（渡月橋）といった名所が続く。

終点の嵯峨駅はもう間近だが、四季折々の表情が美しい嵐山ではゆっくりしたい。古都の風情と、のどかな景色が味わえる。

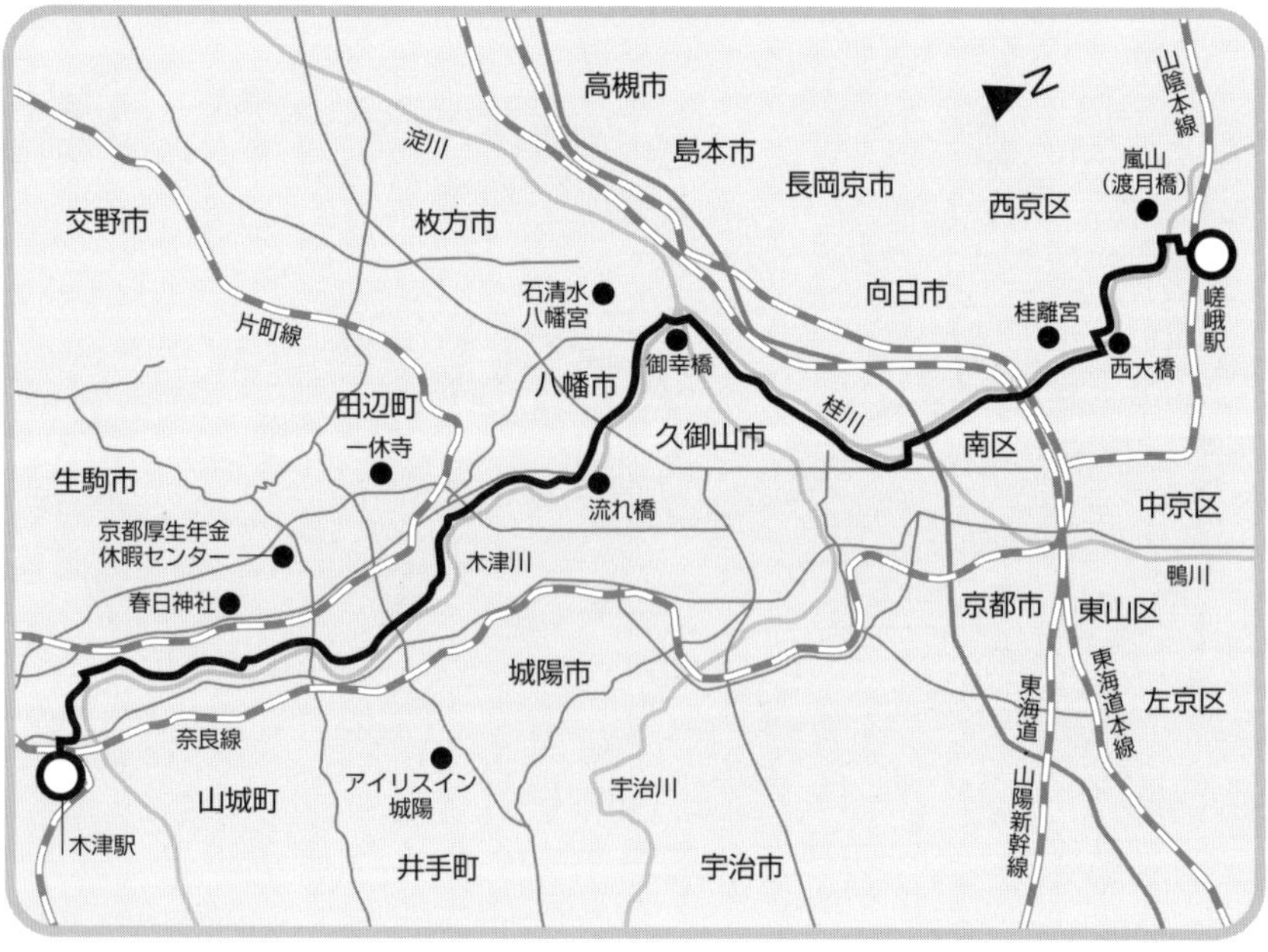

海岸から歴史公園へと続く
一ツ葉西都原自転車道

宮崎市のＪＲ宮崎駅から新富町の日向新富駅までの約五五キロのコース。素晴らしい海と山の眺め、歴史公園を楽しみながら、さわやかな風と一緒に、健康的で楽しいサイクリングが体験できる。

宮崎駅から市街を抜けて一ツ葉公園に出ると、道はここから松林のなかを日向灘沿いにほぼ一直線に続く。南国ムードに包まれたさわやかなコースで、途中にはフェニックスグリーンランド（自然動物園）などがある。休憩にはちょっと早いが、立ち寄ってみたいところだ。

なぎさ橋を越えて石崎浜から左に入ると、コースは一ツ瀬川左岸沿いに北上し、内陸の佐土原町、西都市へと向かう。

佐土原町の大光寺は、十一面観音菩薩を本尊とし、木像騎獅文殊菩薩など四つの文化財がある。寺の第四二世は江戸期の大禅師古月禅師だったという名刹。その先にある巨田神社は、南九州に数少ない中世建築で、三間流れ造りの本殿は宮崎県では唯一のもの。古くから宇佐八幡の荘園の鎮守として崇敬されている。

黒生野駐輪場で一休みしたら、いよいよ西都原古墳群へ。東西二キロ、南北四キロの台地に三〇九基の古墳が、るいるいと横たわる特別史跡だ。また西都原資料館は、自然の景観を損なわないよう工夫された博物館で、考古資料として主に古墳時代の出土品が展示されている。ルートはここから反転、今度は一ツ瀬川の左岸を日向新富駅まで川沿いを走る。道はよく整備されており、平坦なので軽快に走れる。

日本初の海峡を横断する自転車道
瀬戸内海横断自転車道

瀬戸内に浮かぶ島々を橋で結ぶ「しまなみ海道」に併設された大規模自転車道。尾道市から今治市へ渡る約八〇キロのコースだ。勾配が少ないので子どもでも楽しめる。途中の島々でのサイクリングコースも豊富にあり、渡船・渡橋料金はかかるが、海の上を自転車で走るという感動が味わえる。

まず尾道から向島までは、尾道港から渡船を利用するのが便利。料金は渡船により若干異なるが、自転車込みで百円前後だ。向島の海岸沿いを南下し、向島と因島をつなぐ因島大橋（料金五十円）を渡ると、歴史を感じさせる大浜崎灯台や因島大橋記念公園がある。そこから海岸沿いを走ると、次は生口橋（料金五十円）。この橋を渡ったところが生口島で、潮音山公園、平山郁夫美術館などがある。サンセットビーチと呼ばれる海岸線を南下すると、生口島と大三島を結ぶ多々羅大橋（料金百円）だ。橋を渡ったところには多々羅しまなみ公園がある。海を左手に走り、大三島橋（料金五十円）を渡るとそこは伯方島で、今度は海を右手に走るとすぐに伯方・大島大橋（料金・五十円）が見える。その先が最後の島、大島だ。島の南端の海沿いには、一・八キロのハイキングコース大島自然研究路が延び、その海沿いをしばらく南下すれば最後の橋、来島海峡大橋（料金二百円）。来島海峡の自然景観を生かしてつくられた世界初の三連吊橋を渡れば、今治市だ。

「しまなみ海道」沿線の十市町でレンタサイクルが運営されており、十四ヵ所のターミナルであれば乗り捨て自由だ。

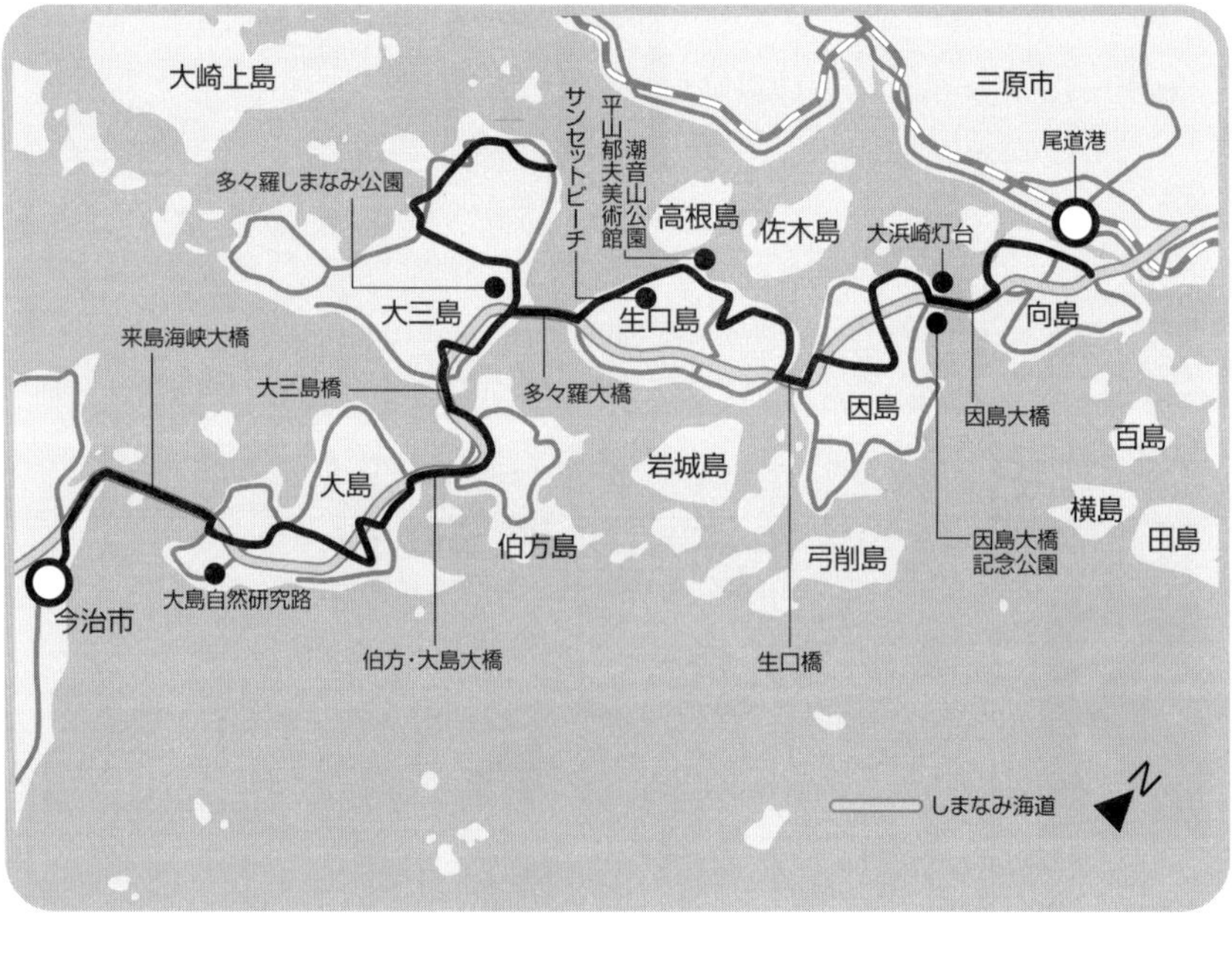

自転車情報一覧

自転車関連団体・協会

財団法人 日本サイクリング協会(JCA)

サイクリングの健全な発達と普及のために設立された全国組織。各種イベントの開催、インストラクターの養成など、サイクリング関連の調査研究を行なっている。

〒107-0052 東京都港区赤坂1-9-3日本自転車会館内

TEL●03-3583-5628 FAX●03-3583-5987 URL●http://www.j-cycling.org/

日本アドベンチャーサイクリストクラブ(JACC)

日本国際交流協会を母体として、国内外の自転車旅行の経験者、自転車旅行の理解者で構成するボランティア組織。海外ツーリングに関する情報提供、国際交流や国際親善など精力的に活動している。

URL●http://www.pedalian.net/

財団法人 自転車産業振興協会

自転車の生産、貿易、流通、消費の増進や改善を図り、日本の自転車産業の振興と国民生活の向上を目指す団体。自転車と車いすに関する技術情報サービスを提供している。

〒107-0052 東京都港区赤坂1-9-3 日本自転車会館3号館6F

TEL●03-5572-6401 FAX●03-5572-6407 URL●http://www.jbpi.or.jp/

財団法人 日本自転車普及協会

自転車が果たす社会的な役割を広く一般に普及させることを目的に、自転車と生活・文化・スポーツという3つのコンセプトで事業を行なっている。

〒107-0052 東京都港区赤坂1-9-3日本自転車会館内

TEL●03-3585-7578 FAX●03-3586-9782 URL●http://www.bpaj.or.jp/

財団法人 日本自転車競技連盟(JCF)

日本の自転車競技界を統括し、自転車競技の普及と振興を図る団体。競技者登録方法などを紹介してくれる。

〒107-0052 東京都港区赤坂1-9-15日本自転車会館内

TEL●03-3582-3713 FAX●03-5561-0508 URL●http://www.jcf.or.jp/

財団法人 自転車センター

自転車産業の進行を図ることを目的として設立された団体。自転車に関する知識の普及、自転車のデザインに関する研究や指導、自転車の品質・性能の安全性に関する調査や研究、サイクルスポーツ施設の設置及び運営などを行なう。

〒586-0086 大阪府河内長野市天野町1304

TEL●0721-54-3203(代表) FAX●0721-54-3218 URL●http://www.kcsc.or.jp/

日本マウンテンバイク協会(JMA)

日本のマウンテンバイクの普及、発展、振興のためにイベントやスクールの企画、開催、運営、指導者の養成、世界各国のマウンテンバイク関連団体との交流などに努めている。

〒162-0053 東京都新宿区原町3-57清亜マンション1F

TEL●03-3203-8479 FAX●03-3203-6902 URL●http://www.japan-mtb.org/

自転車文化センター

自転車について知りたいことが何でも手に入る情報提供施設。自転車図書閲覧コーナーなどを自由に利用できる。定期的に収蔵資料の特別展示を開催している。

開館時間:AM10:00～PM4:00 無料 休館日:毎週土・日・祝日(イベント開催中は除く)、年末年始

〒107-0052 東京都港区赤坂1-9-3日本自転車会館3号館3F

TEL●03-3586-5930 FAX●03-3586-1194 URL●http://www.cycle-info.bpaj.or.jp/japanese/

自転車博物館サイクルセンター

自転車の歴史、クラシック自転車の展示のほか、自転車部品や完成品を展示する博物館。

開館時間:AM10:00～PM4:30(入館PM4:00)まで 休館日:毎週月曜、祝祭日の翌日、年末年始

〒590-0801 大阪府堺市大仙中町165-6 財団法人シマノ・サイクル開発センター

TEL●072-243-3196 FAX●072-244-4119 URL●http://www.sakuranet.or.jp/~bikemuse/

おすすめお役立ちホームページ

チャリオ

自転車に関するあらゆる情報を満載した、自転車総合サイト。初心者向けの情報も多い。
URL●http://www.chario.com/

CHARINET～自転車でゆこう♪～

掲示板を活用し、自転車関連の情報交換が充実しているサイト。
URL●http://www.tt.rim.or.jp/~mch/charinet/

さわやかな風

これからサイクリングを始めようという人、始めたばかりの人におすすめのサイト。
URL●http://www.asahi-net.or.jp/~XK4N-ICKW/

REWS

全国おすすめショップガイドをはじめ、自転車に関する役立つ情報が満載。
URL●http://www.rews.com/

日本自転車史研究会

日本人と自転車とのかかわりの歴史を網羅している。
URL●http://www2h.biglobe.ne.jp/~ootu02/index2.html

自転車社会学会

掲示板での意見交換が活発。自転車を未来に活かすことを真剣に考えるサイト。
URL●http://www.geocities.co.jp/NatureLand/2091/

ツーリング・データベース

京都教育大学のサイクリング部による、ツーリングに関する情報検索サイト。
URL●http://face.ruru.ne.jp/breeze/tdb/

チャリンコノススメ

自転車遊びを提案するサイト。サイクリングやツーリングを重視した自転車の選び方、書籍の紹介などコンテンツが多い。
URL●http://www.geocities.co.jp/Athlete-Olympia/1849/

MTBer.com

自転車の魅力はもちろん、マメ知識が充実しているサイト。初心者にも本格派にもおすすめ。
URL●http://www.mtber.com/

升谷保博さんの「自転車」リンク集

大阪大学・升谷保博先生の自転車関連サイトのリンク集。その数は膨大なので、検索エンジンで探すよりも便利。
URL●http://robotics.me.es.osaka-u.ac.jp/~masutani/Cycling/links.html

iNET-guide「自転車」リンク集

メーカー、博物館、個人のさまざまな自転車関連サイトのリンク集。
URL●http://auto.inetg.com/bike/bike.html

望星ライブラリー vol.4

――自転車を活かす新しいライフスタイル――

自転車主義革命

監修●渡辺千賀恵（九州東海大学教授）

平成13年11月22日第1版第1刷発行

発行人●街道憲久　編集●『望星』編集部

■編集スタッフ――岩本京子　佐野弘二　岡村 隆　園田靖彦　石川未紀

■写真――水上知子

■制作協力――ポンプワークショップ　アドバンス・クリエイト

■表紙・デザイン――高田しげみ

発行所●東海教育研究所

〒160-0022 東京都新宿区新宿3-27-4 新宿東海ビル

電話：03-3352-3494

発売所●東海大学出版会

〒151-0063 東京都渋谷区富ヶ谷2-28-4

電話：03-5478-0891

印刷所●港北出版印刷株式会社

定価（本体1900円＋税）

ISBN4-486-03127-X

落丁・乱丁の場合は取り替えいたします。

ホームページ―― http://www.tokaiedu.co.jp/bosei/

Eメール―― bosei@tokaiedu.co.jp

■編集後記

初めて自転車に乗れた日のことを憶えていますか？　自分だけの力で自転車を走らせて「こんなに遠くまで来ることができるんだ」と知ったときの驚きと感動を。あのころはどこへ行くにも自転車だったのに、自転車に乗ることが楽しかったのに、いつしかそんな気持ちも忘れていました。

大人になって再び自転車に乗るようになったとき、子どものころとはまた違った新しい発見がたくさんありました。忘れてしまった自転車の魅力、自転車の力を思い出してほしい、気づいてほしい――。そんな願いを込めて、この本をつくりました。

この本を企画編集するにあたり、多くの諸先輩方からアドバイスをいただきました。登場者の方々にはスケジュールの都合上、たいへん無理勝手なお願いを申し上げました。この場をお借りして、深く御礼申し上げます。

（岩本京子）